工作场所粉尘危害防控检查要点
工会参与尘肺病预防实用指南

Workplace Dust Prevention and Control Checkpoints
Practical Guide for Trade Union Participation in Pneumoconiosis Prevention

主编 | Editors

张　敏（Min Zhang）　　祁　成（Cheng Qi）

科学出版社
北　京

内 容 简 介

　　尘肺病防治是我国重要而紧迫的职业病防治工作重点。为了指导各级工会组织开展相关工作，国际劳工组织与中华全国总工会开展合作，委托北京协和医学院牵头编写本指南。针对我国尘肺病防治的重点和难点问题，本指南从识别工作场所粉尘危害、工作场所通用的防尘控制措施、工作场所防治粉尘危害的管理措施以及工会主要参与途径等4个方面，总结了32个检查要点，将理论与实践结合，内容深入浅出，图文并茂。

　　本指南面向工会劳动保护干部、职业健康监督执法人员、用人单位管理者和劳动者，用于全方位指导开展培训讲课、宣传教育、检查评估、现场改进、健康促进等尘肺病防治工作，既可作为技术工具书，也可作为培训教材使用。

图书在版编目 (CIP) 数据

工作场所粉尘危害防控检查要点：工会参与尘肺病预防实用指南 / 张敏，祁成主编 . —北京：科学出版社，2021.6

ISBN 978-7-03-068613-8

Ⅰ.①工…　Ⅱ.①张…②祁…　Ⅲ.①粉尘 - 防护 - 指南　Ⅳ.① X513-62

中国版本图书馆 CIP 数据核字（2021）第 068396 号

责任编辑：杨小玲　高峥荣 / 责任校对：张小霞
责任印制：肖　兴 / 封面设计：陈　敬

科 学 出 版 社 出版

北京东黄城根北街 16 号
邮政编码：100717
http://www.sciencep.com

北京汇瑞嘉合文化发展有限公司 印刷
科学出版社发行　各地新华书店经销

*

2021 年 6 月第　一　版　开本：890×1240 1/16
2021 年 6 月第一次印刷　印张：8
字数：208 000

定价：98.00 元
（如有印装质量问题，我社负责调换）

本指南由国际劳工组织/中华全国总工会/北京协和医学院合作制订

This practical guide is jointly developed by the International Labour Organization, the All-China Federation of Trade Unions and the Peking Union Medical College

《工作场所粉尘危害防控检查要点》编写名单

主　　　编　张　敏　祁　成

编写组及成员

北京协和医学院：张　敏　王宇萍　边　峰　刘钰洁　黄一鸣
　　　　　　　　　申文亚　王福媛　骆倩倩　吴　菁

湖北省十堰市职业病防治院/东风职业病防治中心：祁　成　姚道华
　　　　　　　　　　　　　　　　　　　　　　　吴　琨　吴家兵
　　　　　　　　　　　　　　　　　　　　　　　朱亮亮

国药集团东风总医院：朱　江

东风汽车锻造有限公司：康小蓉　陈国松　洪　军　马云飞　罗春风
　　　　　　　　　　　张海斌　刘　军　陈振文

中国疾病预防控制中心职业卫生与中毒控制所：李德鸿　邹昌淇　吴维皑
　　　　　　　　　　　　　　　　　　　　　陈曙旸　杜燮祎　刘　拓

湖北省卫生健康委员会：徐　健　黄自力　舒方平

四川省总工会劳动保护部：邹　翔

四川省疾病预防控制中心：杜利利

四川达竹煤电（集团）有限责任公司：邓明俊

湖南省职业病防治院：李　祈

山西省总工会劳动保护部：吴智勇

晋能控股煤业集团有限公司职业病防治院：曹　宏

国家卫生健康委员会职业安全卫生研究中心：张岩松　张忠彬　陈　娜

3M 中国有限公司：王恩业

杭州医学院：张　幸

汕头医学院：苏　敏

北京市疾病预防控制中心：吕　琳

广东省职业病防治院：郑倩玲

山东省职业卫生与职业病防治研究院：王　瑞　单永乐

同济大学机械与能源工程学院：刘　东

序　言

尘肺病是吸入可以损害肺部的某些粉尘颗粒而引起的疾病，是世界上最古老的职业病之一。最常见的尘肺病包括矽肺、石棉肺、煤工尘肺等。当尘肺病严重到一定程度时，会引发呼吸困难，给患者及其家庭带来极大的痛苦和经济损失。尘肺病可导致死亡，到目前为止国际上尚无治愈尘肺病的特殊方法或药物。

历史上，很多国家在大规模开发矿山和开凿隧道的发展阶段都经历过尘肺病患者增加和尘肺病暴发。自 20 世纪 30 年代以来，国际劳工组织一直致力于在全球推动制订预防和控制尘肺病的标准及其项目，为此，国际劳工组织和世界卫生组织共同发起了 2030 年前在全球范围内消除矽肺病的计划，帮助各国预防矽肺病。

至今，许多发达国家已经成功地降低了尘肺病的发病率，一些发达国家甚至逐步消灭了尘肺病，但尘肺病至今仍是部分发展中国家最为常见的职业病之一。

在中国，2019 年职业性尘肺病占职业病报告总数的 82%。农民工是尘肺病的高发人群。多年来，中国政府、工会和社会各界为解决尘肺病问题而不断努力，并总结出粉尘控制的"革、水、密、风、护、管、教、查"八字方针，这些经验已上升为国家相关的法规标准。2019 年，国家卫生健康委员会等 10 部门联合制订了尘肺病防治攻坚行动方案，旨在加强尘肺病预防控制和尘肺病患者救助工作，切实保障劳动者职业健康权益。攻坚行动显示了中国各方推动解决尘肺病问题的坚定信心。

预防尘肺病的关键在于避免接尘。企业、工会和一线劳动者在落实工作场所粉尘防控措施中发挥着极为重要的作用。中华全国总工会通过工会劳动保护监督检查员制度，依法实行群众监督，在维护中国职工在劳动过程中的安全与健康方面发挥了不可替代的作用。

为支持企业、劳动者、工会干部和执法人员的工作，国际劳工组织与中华全国总工会开展技术合作，委托北京协和医学院编写了这本《工作场所粉尘危害防控检查要点：工会参与尘肺病预防实用指南》。

该指南旨在提供一个工作场所粉尘危害防控的实用和低成本的指导方案，企业和劳动者可以根据工作场所的需求，因地制宜地使用本指南的检查要点。指南从识别工作场所粉尘危害、工作场所通用的防尘控制措施、工作场所防治粉尘危害的管理措施和工会主要参与途径四个方面共编撰了 32 个检查要点，工会干部可以参考这些检查要点，确保企业实施粉尘防控措施。该指南也可以用作企业和劳动者的粉尘防控和职业健康培训教材。

希望《工作场所粉尘危害防控检查要点：工会参与尘肺病预防实用指南》能成为一个有用的工具，助力您所从事的抗击尘肺病和维护中国劳动者职业健康的事业。

国际劳工组织中国和蒙古局
局长　柯凯琳
2021 年 1 月 29 日

Foreword

Pneumoconiosis is one of the oldest occupational diseases. It is caused by breathing in certain kinds of dust particles that are damaging to the lungs. The most common types of pneumoconiosis include silicosis, asbestosis, and coal-workers' pneumoconiosis. When reaching certain level of severity, it causes breathing difficulty and pain, bringing major suffering and economic losses to the patients and their family members. Pneumoconiosis can cause death and as of today, it cannot be cured.

At the international level, many countries have experienced breakouts of pneumoconiosis after entering mass production through industrialization of the mining sector. Since the 1930s, the ILO has developed norms and programmes to help prevent and reduce pneumoconiosis globally. Notably the ILO and the WHO jointly initiated the Global Programme for the Elimination of Silicosis by 2030, through which they assist countries in their action to prevent silicosis.

While a number of developed countries have successfully reduced or eliminated pneumoconiosis, in developing countries, it remains one of the most frequently notified occupational diseases.

In China, pneumoconiosis accounts for 82% of all newly reported occupational diseases in 2019, with rural migrant workers the most at risk population. For many years, the Chinese government, trade unions and relevant stakeholders have made continuous efforts to combat pneumoconiosis. These efforts can be best summarized by the eight principles of "process and equipment, wet methods, containment and enclosures, ventilation, personal protection, administration, training, airborne dust and health surveillance" for dust control, which have been progressively integrated into relevant national regulations and standards. In 2019, the National Health Commission, the All-China Federation of Trade Unions (ACFTU) and other ministries jointly developed the Action Plan on Prevention and Control of Pneumoconiosis, aimed at strengthening prevention,

control and remedies to protect concretely workers' occupational health. The Action Plan highlights a strong determination of the partners to combat pneumoconiosis.

Avoiding or reducing dust exposure through effective prevention and control measures at the workplace is the key to prevent the disease. Employers, trade unions and frontline workers play very important roles in the daily monitoring of these measures. By establishing supervision mechanisms and mobilizing workers, the ACFTU has an indispensable role to play in protecting workers' occupational safety and health in China.

In order to support the efforts of employers, workers, trade union officers, and workplace inspectors, the ILO, the ACFTU and the Chinese Academy of Medical Science & Peking Union Medical College, have joined forces to develop this Practical Guide for Trade Union Participation in Preumoconiosis Prevention.

The Technical Guide presents practical and affordable solutions to workplace dust prevention and control, which workers and employers can discuss, adapt and implement at the workplace. It includes 32 checkpoints in four areas, namely identification of workplace dust, control of workplace dust, administration of workplace dust control and channels for trade unions participation. Trade union officers can use these checkpoints to ensure that workplace dust prevention and control measures are in place. The Guide also presents useful information to be used in training for workers and employers on dust control and occupational health protection.

I hope you will find this *Workplace Dust Prevention and Control Checkpoints: Practical Guide for Trade Union Participation in Pneumoconiosis Prevention* useful in your efforts to fight pneumoconiosis and improve workers' occupational health in China.

Claire Courteille-Mulder
Director
ILO Country Office for China and Mongolia

前　言

在中国报告的职业病中，尘肺病所占比例最高。2000～2019年间，年报告尘肺病从9100例增加到15 898例，2019年报告的尘肺病数占当年报告职业病总数的82%。由于可能存在漏报或健康监护能力不足的问题，尘肺病的实际发病数可能远高于报告尘肺病例数。消除粉尘和降低接尘可以有效预防和减少尘肺病发生。一旦防尘措施不到位，接尘劳动者就有可能罹患尘肺病。到目前为止世界上还没有特定的治疗尘肺病的方法或药物。现在临床上为尘肺病患者提供的大多数治疗方法旨在减少对肺的进一步损害，减轻症状并改善生活质量[1]。换句话说，尘肺病是一种完全可防，但不可治愈，并可导致死亡的严重职业病。

从实践来看，粉尘的治理尽管十分困难，但仍然有规律可循。从国内看，总结出粉尘控制的"革、水、密、风、护、管、教、查"八字方针，这些经验已上升为国家相关的法规标准；从国际看，多国已达成共识，共同发布了消除矽肺全球行动计划，其核心是通过在工作场所采取预防措施控制粉尘水平来消除尘肺病。

中国非常重视预防和控制尘肺病，已发布尘肺病防治攻坚行动方案，明确目标和责任，也取得了一定成效。然而，众多企业在尘肺病防治过程中仍面临挑战，例如，一些企业不愿意在控尘设备上进行投资，也没有为职工提供必要的职业安全与卫生培训。一些小企业为规避责任，不与农民工签订劳动合同，而农民工也往往对粉尘的危害缺乏认识，不了解如何保护自身的职业健康。

企业主和劳动者缺乏粉尘防控意识是工作场所粉尘防控措施落实不到位的主要原因之一。工会在这方面可以发挥重要作用，例如通过召开职代会、协商签订劳动安全卫生专项集体合同、加强监督检查等方式，要求企业采取控尘和劳动保护措施，预防职业安全与健康风险，改善工作环境；广泛开展群众性防治活动，提高劳动者的相关意识，让劳动者参与劳动保护工作，对粉尘和其他职业风险防控方案提出建议。工会也可以在预防尘肺病方面发挥宣传、教育和辅助管理作用，从而提升职工的自我保护能力。也可以在企业因粉尘防控措施不到位导致事故时，与企业协商如何采取补救措施等。

中华全国总工会在职业安全与卫生领域发挥重要作用，参与尘肺病防治工作是工会组织维护职工职业健康权益的重要途径之一。中华全国总工会积极参与职业安全与卫生法律、法规和政策的制定，包括预防尘肺病方面的政策和法规，并与国家卫生健康委员会、人力资源和社会保障部、应急管理部在职业卫生和安全领域开展密切合作，在起草尘肺病防治攻坚行动方案的过程中发挥重要作用，也是落实该行动的主要参与方之一。

由于尘肺病预防和粉尘防控的专业性很强，为更好地在防控粉尘和预防尘肺病问题上与企业和劳动者进行沟通和协商，地方各级工会的劳动保护干部需要一个实用性较强的技术指南。在此背景下，国际劳工组织（ILO）与中华全国总工会开展技术合作，委托北京协和医学院牵头起草工作场所粉尘危害防控要点和尘肺病预防技术指南，为各级工会开展工作提供技术支持。该指南的主要目标读者是工会劳动保护干部，同时也可以供职业健

1　https：//www.lung.org/lung-health-and-diseases/lung-disease-lookup/pneumoconiosis/diagnosing-treating-pneumoconiosis.html
　https：//www.ilo.org/global/topics/safety-and-health-at-work/areasofwork/occupational-health/WCMS_108566/lang—en/index.htm
　https：//www.who.int/occupational_health/publications/newsletter/gohnet12e.pdf? ua=1

康监督执法人员、用人单位管理者和劳动者在开展工作场所粉尘控制的实际工作中和组织培训时使用。

编写本指南的目标：提升工会干部、监督执法人员在工作场所控尘和预防尘肺病方面的能力，从而更好地与企业进行沟通，推动企业采取必要措施，有效控尘和保护职工健康；使用该指南来对职工进行宣传和教育，提升劳动者在预防尘肺病方面的意识。

本指南的主要内容包括：

——关于尘肺病的基础知识；

——粉尘和尘肺病的高危行业；

——工作场所控尘措施；

——监督企业采取措施识别和控制工作场所粉尘；

——鼓励职工积极参与粉尘识别、风险预防和改善工作环境并提出改善建议；

——在职业病诊断、治疗和赔偿方面为职工提供帮助。

在章节安排上，设有六章和两个案例，具体阐述以上内容。分别为：

第一章 使用本指南的建议；

第二章 检查表；

第三章 识别工作场所粉尘危害检查要点，包括"识别粉尘的危害""识别粉尘的来源""识别粉尘的性质及其健康损害"等11个检查要点（检查要点1～11）；

第四章 工作场所通用的防尘控制措施检查要点，包括"从源头上消除粉尘""在工艺允许的情况下采取适宜的湿式作业降尘"等10个检查要点（检查要点12～21）；

第五章 工作场所防治粉尘危害的管理措施检查要点，包括"提高劳动者个人健康意识，养成健康行为""对粉尘作业人员进行健康监护"等7个检查要点（检查要点22～28）；

第六章 工会主要参与途径的检查要点，包括"开展群众性劳动保护监督检查""开展民主管理、民主监督"等4个检查要点（检查要点29～32）。

附录为粉尘控制的实践案例。

本指南由北京协和医学院牵头起草。在编写过程中，编写组总结了与ILO、世界卫生组织（WHO）、中华全国总工会多年合作与推广的中小企业职业危害控制工具包、工会主动参与职业病防治工作模式等项目所取得经验，参考了国内外多年来在不同行业总结的防尘示范案例，特别是汽车制造、铸造、煤矿开采以及冶金等行业行之有效的方法和管理措施；借鉴了国内外先进的理念和成果，如"危害分析与关键控制点（HACCP）"和"工效学检查要点"，并依据ILO和中国有关粉尘治理和尘肺病防治的法规标准提出了检查要点。

本指南成稿后，通过研讨会、现场调研、座谈会和培训会等方式广泛征求了工会干部和相关专业人员的意见和建议，并予以积极采纳。

本项目由跨部门、多学科队伍、国内外学者共同完成，指南涵盖了从粉尘的来源、性质、致病性、现场防控到职业健康监护、职业病诊断、赔偿、个人行为改善的全程防护，呈现预防控制粉尘及其相关疾病的系统性、科学性、可操作性、前瞻性和引领性。

在生产实践中，粉尘种类多，分布广，并经常与其他有害因素共存，因此在使用本指南的过程中应注意：

（1）根据本指南形成适合本地区、本行业或本单位特点的检查表和检查要点。

（2）在使用过程中参考更详细的国家标准、行业标准和专业资料。

（3）针对粉尘与其他危害因素共存的状况，参考其他的职业危害因素控制指南采取综合防控措施。

（4）通过学习和借鉴本单位或其他单位的范例持续改进工作场所。

（5）应特别注意的是粉尘作业过程中，经常同时存在其他的职业性有害因素，如毒物、噪声、高温、低温、不良的工效学条件以及不良的工作组织等问题，应和其他相关的专业指南结合使用。

2020年是极不平凡的一年，编写组本来计划到更多企业进行调查和听取意见和建议，收集更多良好实践的范例,由于新冠肺炎疫情的影响,未能如愿,算是遗憾，留待再版时弥补。

　　本项目实施和本书的编写出版过程中得到了很多组织机构和同仁们的支持与合作，所有参与者付出了艰辛的劳动，做出了积极的贡献，在此一并致

以衷心感谢。

　　由于水平有限，期望大家在使用过程中及时与我们联系，批评指正并提出建议，以便在修订时予以采纳。

主编　张　敏　祁　成

2021 年 2 月 8 日

目　　录

序言...i

Foreword..iii

前言..v

第一章

使用本指南的建议...1

第二章

检查表..6

第三章

识别工作场所粉尘危害检查要点..9

第四章

工作场所通用的防尘控制措施检查要点...34

第五章

工作场所防治粉尘危害的管理措施检查要点...68

第六章

工会主要参与途径的检查要点...86

附录

粉尘控制的实践案例...94

参考文献及延伸阅读...111

第一章
使用本指南的建议

指南简介

《工作场所粉尘危害防控检查要点：工会参与尘肺病预防实用指南》是根据国内外职业卫生工作实践，特别是粉尘预防控制的经验编写的。相关的应用模式主要参考国际劳工组织开发的应用于小型企业工作改进（WISE）和《工效学检查要点》的参与式和以行动为导向的培训方法、工会参与职业病防治工作模式。本指南是为了配合国家尘肺病防治攻坚行动方案的实施而首次编写，参与编写的许多成员曾参与以上培训活动并认为这些培训方法行之有效。

本指南所编撰的检查要点是帮助工会人员参与尘肺病预防的行动指南，也是帮助企业识别哪里需要改进的强有力的技术工具。

如何使用本指南

在采取工作场所改进措施时，可应用本检查要点所提供的指南配合国家职业卫生标准联合使用。本检查要点中所陈述的改进行动已在国内外实践中得到检验，在采取改善措施时建议采取以下行动：

——在管理人员和劳动者主动参与之下，共同及时制订解决方案；

——采用小组工作模式制订和实施切实可行的改进计划；

——利用各地已有的资料和专业队伍；

——采取多方面行动，确保改进措施的可持续发展；

——制订持续的行动计划，使改进措施因地制宜、改进效果明显。

在实际工作中，可按照以下步骤进行：

在粉尘作业工作场所应用本检查要点时，最好先对工作场所进行巡检，了解一些通用的资料，可向用人单位的管理人员询问相关的问题，包括主要的产品及其生产方式、劳动者（男性和女性）的数量、工作时间（包括午休、其他休息时间和加班时间）以及相关的操作和劳动问题。对照本指南第二章识别工作场所粉尘危害，然后在第三至第五章选择一定数量的、被认为对该工作场所来说是重要的检查要点。根据所选取的检查要点编制简明的检查表及其对应的改进指南，帮助有关人员确定立即采取行动的优先项，同时制定短期和长期的优先行动措施。在工会组织开展监督检查时，也可对照第六章的检查要点对工作开展情况进行检查改进。

设计适合用人单位的简明检查表的目的是设计和使用一份适合实际的检查表，包括若干项检查要点。这种检查表对现有工作条件下粉尘危害的评价及其改进是一种强有力的工具。

本指南中的检查要点反映了工作场所已广泛应用的防尘措施，因此，在选择适合用人单位的检查要点时，可参考本指南的检查要点。设计检查表通常是由如下的小组集体工作完成的。

（1）通过小组工作对需要立即改进的主要措施取得一致意见。

（2）最好从检查表所列的检查要点中选择一些有限的检查要点。通常，在每个目标措施中可选择几项检查要点。

（3）所选取的检查要点项可合在一起形成一份涵盖所选措施的 10 ～ 15 项检查要点的检查表草案。这份草拟的检查表采用与工效学检查表相似的格式，对回答"您是否建议采取行动？"这样的问题，用"是"或"否"回答，并指出这种行动是"优先"或"非优先"，这样做有助于使用者根据用人单位具体情况对需要优先改进的地方提出建议。使用前可通过试用对草拟的检查表进行检验，包括对某具体工作场所进行巡检。通过试用得到反馈并最后确定一份适合用人单位的检查表。

（4）将本检查要点中相对应的改进措施复制成册作为补充参考（对照）材料。

将小组设计的检查表与解释相应检查要点的改进措施相配套的小册子汇编在一起，可用于工作场所改进的实践。可由企业管理人员、监督人员和劳动者组成的工作组或采取某种工效学行动的一个专门工作组来完成。

设计和应用一份因地制宜的检查表及其配套操作手册的工作流程可归纳如下：

设计一份因地制宜的检查表的小组集体工作流程

第一步：对需要立即改进的主要措施达成一致意见，吸收当地行之有效的实践经验
（学习当地的良好实践）

第二步：选择一定数目（10 ～ 15 项）的检查要点标号及题目
（每类措施只选几项要点）

第三步：对草拟的检查表进行验证，形成一份因地制宜的精简检查表
（重点是选用低成本的要点）

第四步：汇编与检查要点对应的改进方法，作为与检查表相配套的操作手册
（作为使用者的参考资料）

管理人员／劳动者使用为小组工作设计的检查表及其配套的操作手册

应用检查表改进工作场所

应注意的是，通过这样的方式制订适合用人单位使用的检查表，目的是用于寻找切实可行的改进措施，而不是对工作场所的有关条件进行全面评价。这是因为在改进工作场所的各方面问题时，最好采取循序渐进的过程。

因此，建议设计一份包括 10 ～ 15 项上述的检查要点的简短检查表，不建议制订一份包括本手册所有方面的冗长检查表。一份冗长的检查表初看似乎较全面，但因为较长、较复杂，不利于激发当地人员的积极性。一份短小、方便的检查表更适合自愿使用。

1. 使用检查表时宜采用小组工作模式，应由小组的每个人独立填写，填写后大家一起讨论

寻找适宜的解决办法。如果需要，应询问用人单位的管理人员和劳动者。如果已经采取了措施或认为没有必要采取措施，那么在"你打算采取行动吗？"下面的"否"处做标记。如果认为这样的措施值得做，那么就在"是"处做标记。在备注下写出应当采取措施的建议和位置。标记完成后，再看一次标记为"是"的项目，根据重要性再在最重要的问题上标记"优先解决"。

2. 制作易于使用的信息卡

利用本指南可设计出各种实用改进的信息卡。指南中每个检查要点的结构应简洁、统一。为便于读者制作信息卡时参考，本指南提供了示例彩图。利用本指南中所列的检查要点，可制作三类基本信息卡。

（1）单项检查要点的信息卡

本指南中每项检查要点均可拍照或扫描复制成信息卡形式，还可根据当地需要制作一套这样的单项信息卡，并将这些信息卡发给不同人员或作为培训项目的补充资料。

（2）小册子形式的信息卡

可将指南中的一些检查要点选编成一本小册子，由一个编辑小组来遴选编入小册子的检查要点。可设计各种形式的小册子，如折页等。

（3）适合当地的信息卡

按照指南制作信息卡的另一种有效方法是增加反映当地情况的说明和资料，对检查要点进行再编辑，这种方法较为简单易行。指南强调采取简单、实用的改进方法，因此可以制作一些简明的小册子，介绍某种行业或某些工种的范例和实例照片，这种方式有助于鼓励中、小型企业采取改进措施。

3. 组织立即整改工作场所的培训研讨会（班）

为促进实施工作场所改进措施，可以组织短期培训研讨会（班），并在培训期间或会上参考本指南关于适合当地情况的检查要点小册子或信息资料等内容。

按照规范化方法，可通过以下途径有针对性地组织行动导向的培训研讨会（班）：① 收集当地范例；② 通过采用已有选择方案，组织会议讨论如何以低成本理念改进工作场所条件；③ 通过一系列工作过程学习如何建议和实施可行的改进措施。在制定检查要点时，可以首先收集当地范例，从中了解当地或本企业的粉尘防治问题范围及解决方案。当地已选择的检查要点及本指南相应改进措施可用作工具，并结合这些范例与防尘措施的改进，指导接受培训者立即实施这些改进措施。以下步骤是小组工作必需的。使用本指南举办行动导向的培训研讨会（班），其参与式培训的一般步骤可归纳如下：

使用《工作场所粉尘危害防控检查要点》的培训研讨会的参与式培训步骤	主要工具和方法
第一步：收集当地工作场所有关工作场所粉尘危害防控改进的范例（以便设计适合当地情况的检查要点/手册）	照相机；访谈
第二步：对工作场所进行巡检，练习使用检查表（学习如何鉴别当地良好职业卫生实践和获得可选要点）	适合当地实际的检查表
第三步：根据所选择的综合性措施，召开如何运用工作场所粉尘危害防控技术改善工作场所技术研讨会（重点是低成本改进）	本指南检查要点所对应的改进方法；范例
第四步：小组工作制订实施改善措施的行动计划（作为使用者的参考资料）	小组工作方法；计划清单

通过各种追踪活动来记录已完成的改进，并鼓励持续改进

这些培训步骤通常需 1～4 天，重要的是连续组织小组研讨会（班），每次研讨会（班）（1～1.5 小时）最好包括一位培训员的报告、小组讨论及小组工作结果报告。通过这种培训，参与者可学习应用检查要点的实用改进方法，并提出切实可行的、对工作场所有真正影响的改进建议。

在一天或两天的研讨会（班）上，可在第一天上午进行检查要点的练习。

为期 3 天或 4 天的研讨会（班）可包括本指南中的所有技术领域，可增加学习成功案例及如何实施实用改进措施的内容，并鼓励参与者报告他们各自的行动计划。

培训中应重点关注学习范例、应用粉尘防控基本原理提出改进建议以及学习对可行的改进措施迅速达成共识的小组工作程序（方法）。

4. 实施改进的实用提示

应重视参考当地范例和采取参与式小组工作步骤。在应用本指南时，可参考以下实用提示：

（1）应用"行动检查表"重新审视工作场所条件

检查表可帮助人们系统检查现有的工作条件。在具体工作场所使用一个冗长的检查表开展工作很困难，因此，要求设计一个简短的行动检查表，只列出数目有限的低成本选项。这种简短的检查表有助于当地人员用新视角识别工作场所的潜在改进措施。

（2）学习当地工作场所实施的范例

当地可能已经有一些工作场所改进措施方面的范例。这些范例一方面提供了成功经验，另一方面也说明了类似整改措施的可行性，因而为当地进行进一步整改工作提供了有益借鉴。此外，审视成绩而不是指出错误的工作方法有利于激发积极和建设性的思维，进而带来实际改进。

（3）确立可行的改进想法

在提出一种新的改进想法时，需确认该想法在当地的可行性。可借鉴当地工作场所的改进措施范例来评估这种可行性。应尽量选择低成本和利用当地的物质和技术的改进措施。

（4）动员劳动者参与和支持改进工作

在工作场所整改工作中，需事先告知劳动者相关整改措施和整改原因，让劳动者充分了解整改的益处以及整改不会对他们的工作产生不良影响。应事先为劳动者提供培训，并与劳动者讨论可能产生的、不可预期的效果。为避免劳动者抗拒实施整改措施，最好与相关劳动者一起制订并实施整改计划和措施。

（5）确保整改措施的可持续性

由于很难完全改变人们的态度和习惯，因此可考虑将这种整改措施铸入设备或设施中，从而实现工作场所整改措施的可持续性，并达到预期效果。

（6）经常进行小组讨论

小组讨论有助于促进相关人员交流经验，从多种想法中确定优先行动，达成共识并找到良好的解决方案。应经常进行小组讨论，尊重彼此的想法，并保持积极的工作态度。

（7）改进管理

为实现成功整改，不能单纯依赖专业技术，应确保工作场所负责人在整改工作中发挥核心作用，并注意以下几点：

——确定一个严格的完成时限；

——制定并落实每位劳动者的具体职责（职责到人）；

——提供适当的资源配置和保障（时间、物资、资金和技术）；

——要求定期提交进展报告；

——确定参与改进过程中值得嘉奖或表扬的人员（激励机制）。

（8）推广短期和长期的改进计划

建议按照循序渐进的原则来实施改进计划。在确定优先需要改进的问题时，需综合考虑成本、当地需求和可行性等因素。可优先落实短期内能够满足当地之急需的想法。一旦实施了小而有效的改进措施，人们就会有信心采取下一步的改进措施。由于这种渐进性工作方式可能需要较多时间和成本，因此，有必要同时制订短期和长期改进计划。

5. 追踪活动

应用检查表及其配套改进措施开展培训工作是改进行动的起点而非终点，因此，应对参加培训的人员制订培训后的具体追踪活动计划。追踪活动计划的目的：① 观察在当地条件下可实施什么改进措施；② 在克服局限性的同时，进一步了解需要哪些支持；③ 通过促进交流改进经验，鼓励推动工作场所的持续改进。

本指南可用于组织如下的有效追踪活动：

（1）现场追踪

通过追踪参与培训活动的工作场所的后续改进情况，总结经验并为该工作场所提供更多的支持。可以在培训研讨会（班）结束几周或几个月后再进行追踪，并到那些工作场所去填写追踪表（卡）。这种追踪活动可用于正确评价所采取的行动、鼓励进一步采取改进行动。可参考本指南中的各检查要点，记录所取得的成绩，并提出进一步改进的建议。管理人员和劳动者可参考本指南中的各种改进措施来解决改进工作场所时所遇到的困难。

（2）会议追踪

通过召开追踪会议，可促进交流改进经验和讨论需要的支持。一般在培训后几个月至一年时组织召开追踪会议。可以事先确定下一次会议时间和地点。通常，追踪会议为期半天至一天，参会者在会上汇报主要整改成绩，交流后续改进计划。安排会议日程时可参考本指南所涉及的领域及改进措施建议。将范例及成功经验案例编入培训资料。

（3）促进成功经验的交流

追踪活动应包括宣传积极成果、成功经验和范例，例如通过互联网、新闻简报、宣传折页等形式宣传成功案例和新理念。

6. 将改进活动与所取得的成绩结合起来

在应用本指南开展培训、采集信息及追踪活动时，可以通过组织小组活动来制定检查要点，并把改进行动建议与当地成功经验联系起来，例如，可以找出工作场所已做得较好的三个方面及仍需改进的三个方面，在取得一致意见的基础上形成检查要点。

第二章

检 查 表

如何使用检查表

本检查表按照《工作场所粉尘危害防控检查要点》全部标题列出了四大项 32 个检查要点。使用者可使用整个检查表或仅使用与自己工作场所有关的检查项目。通常，包含适合所在工作场所 10 ～ 15 个检查项目的检查表更便于使用。

1. 了解工作场所

如有任何问题，可向管理人员询问，应了解主要产品及生产方法、劳动者（男、女）数、工作时间（包括休息和超时工作）及有关劳动的任何重要问题。

2. 确定需要检查的工作区域

在与管理人员及其他关键人员磋商后，确定需要检查的工作区域。对小型企业，可检查全部工作区域。对较大型企业，可确定需要专门检查的区域。

3. 初始巡视

使用检查表进行检查前，请先通读检查表，并用几分钟时间对工作区域进行巡视。

4. 撰写检查结果

仔细阅读检查表的每一项内容，寻找采取措施的方法。必要时，向管理人员或劳动者询问。

——如果已采取适当措施或不需要采取措施，请在"你建议采取行动"中标记"否"。

——如果认为值得采取措施，请标记"是"。

——利用"备注"栏中的空白处，记述建议或应采取措施的位置。

5. 选择优先采取措施的项目

在完成检查后，再检查一次标记为"是"的检查项目。选择几个最重要的检查项，将这几个检查项标记为"优先"采取措施。

6. 小组讨论检查结果

同参与巡视的其他人员一起讨论检查结果。按照使用检查表的检查结果，就现有做得好的地方和需要采取措施的地方取得一致意见。与管理人员和劳动者交流所建议的措施，并对这些措施的实施进行追踪。

识别工作场所粉尘危害检查要点

检查要点 1 识别粉尘的危害

你建议采取行动吗？

☐否　　☐是　　☐优先

备注：_____

检查要点 2 识别粉尘的来源

你建议采取行动吗？

☐否　　☐是　　☐优先

备注：_____

检查要点 3 识别粉尘的性质及其健康损害

你建议采取行动吗？

☐否　　☐是　　☐优先

备注：_____

检查要点 4 检查工作场所粉尘浓度、接触途径和接触时间

你建议采取行动吗？

☐否　　☐是　　☐优先

备注：_____

检查要点 5 检查工作场所粉尘的游离二氧化硅和石棉的含量

你建议采取行动吗？

☐否　　☐是　　☐优先

备注：_____

检查要点 6 检查工作场所粉尘的分散度

你建议采取行动吗？

☐否　　☐是　　☐优先

备注：_____

检查要点 7 检查工作场所粉尘的毒性

你建议采取行动吗？

☐否　　☐是　　☐优先

备注：_____

检查要点 8 检查工作场所粉尘的致癌性

你建议采取行动吗？

☐否　　☐是　　☐优先

备注：_____

检查要点 9 检查工作场所粉尘的变应性（超敏反应）

你建议采取行动吗？

☐否　　☐是　　☐优先

备注：_____

检查要点 10 检查工作场所粉尘引起的皮肤黏膜损害等其他损害

你建议采取行动吗？

☐否　　☐是　　☐优先

备注：_____

检查要点 11 检查工作场所粉尘的爆炸性

你建议采取行动吗？

☐否　　☐是　　☐优先

备注：_____

工作场所通用的防尘控制措施检查要点

检查要点 12 从源头上消除粉尘

你建议采取行动吗？

☐否　　☐是　　☐优先

备注：_____

检查要点 13 在工艺允许的情况下，采用适宜的湿式作业降尘

你建议采取行动吗？

☐否　　☐是　　☐优先

备注：_____

检查要点 14 采取密闭与隔离措施控制粉尘

你建议采取行动吗？

☐否　　☐是　　☐优先

备注：_____

检查要点 15 在产生粉尘作业面安装有效的局部排风除尘装置，避免劳动者吸入粉尘

你建议采取行动吗？

☐否　　☐是　　☐优先

备注：_____

检查要点 16 改善作业环境，提高作业舒适度

你建议采取行动吗？

☐否　　☐是　　☐优先

备注：_____

检查要点 17 将含尘气体除尘后排放

你建议采取行动吗？

☐否　　☐是　　☐优先

备注：_____

检查要点 18 改善作业操作规程

你建议采取行动吗？

□否　　　□是　　　□优先

备注：_____

检查要点 19 对作业现场进行清理整顿，定期维护防护设施

你建议采取行动吗？

□否　　　□是　　　□优先

备注：_____

检查要点 20 为劳动者提供适宜的个人防护用品，并确保正确使用和良好维护

你建议采取行动吗？

□否　　　□是　　　□优先

备注：_____

检查要点 21 配置适宜的辅助用室与卫生设施

你建议采取行动吗？

□否　　　□是　　　□优先

备注：_____

工作场所防治粉尘危害的管理措施检查要点

检查要点 22 制定应急预案，做好应急救援准备

你建议采取行动吗？

□否　　　□是　　　□优先

备注：_____

检查要点 23 提高劳动者个人健康意识，养成健康行为

你建议采取行动吗？

□否　　　□是　　　□优先

备注：_____

检查要点 24 对粉尘作业人员进行职业健康监护

你建议采取行动吗？

□否　　　□是　　　□优先

备注：_____

检查要点 25 妥善安排疑似职业病患者进行职业病诊断与鉴定

你建议采取行动吗？

□否　　　□是　　　□优先

备注：_____

检查要点 26 落实职业病患者权益保障

你建议采取行动吗？

□否　　　□是　　　□优先

备注：_____

检查要点 27 制定工作场所粉尘监测与评价制度，及时发现职业健康风险隐患

你建议采取行动吗？

□否　　　□是　　　□优先

备注：_____

检查要点 28 建立规范的职业卫生档案并定期更新

你建议采取行动吗？

□否　　　□是　　　□优先

备注：_____

工会主要参与途径的检查要点

检查要点 29 开展群众性劳动保护监督检查

你建议采取行动吗？

□否　　　□是　　　□优先

备注：_____

检查要点 30 开展民主管理、民主监督

你建议采取行动吗？

□否　　　□是　　　□优先

备注：_____

检查要点 31 开展平等协商，签订劳动安全卫生专项集体合同

你建议采取行动吗？

□否　　　□是　　　□优先

备注：_____

检查要点 32 引导劳动者主动参与粉尘防控

你建议采取行动吗？

□否　　　□是　　　□优先

备注：_____

第三章
识别工作场所粉尘危害检查要点

本章包括检查要点 1 ～ 11。

主要内容为识别粉尘的危害、来源、性质及其健康损害；检查工作场所粉尘浓度、接触途径和接触时间、游离二氧化硅和石棉的含量、分散度、毒性、致癌性、变应性、所引起的皮肤黏膜等其他损害以及爆炸性。

检查要点 1

识别粉尘的危害

危害简析

在工作中吸入空气中的粉尘，特别是矿物粉尘，会导致尘肺病的发生。吸入矿物粉尘时，粉尘颗粒可能会沉积在气道（支气管）中，或者一直进入肺深处的气囊（肺泡）中。粉尘颗粒可以进入肺部的深度取决于颗粒的大小和形状。颗粒越小，它们进入肺部的深度就越深。粉尘颗粒沉降和沉积在肺部后，肺组织会尝试清除这些粉尘颗粒或将其包围，以防止它们造成损害。体内免疫系统的细胞来到这些受影响的肺部区域对抗粉尘颗粒时，同时导致炎症发生。在一些情况下，炎症反应可以严重到足以引起瘢痕组织形成的程度。肺部瘢痕组织的形成称为纤维化。如果炎症或纤维化足够严重或涉及的肺组织区域足够大，将会影响呼吸。干咳和气短是纤维化的常见症状。吸入矿物粉尘造成的损害可能会在多年后才显现出来，因此患者即使不再接触这些粉尘很长时间后仍会出现症状。尘肺病发生的最常见原因是吸入石棉、二氧化硅（沙尘或岩石尘）或煤尘。接触这些粉尘的劳动者中一部分人会发展成尘肺病患者。到目前为止，世界上还没有特定的治疗尘肺病的方法或药物。现在临床上为尘肺病患者提供的大多数治疗方法旨在减少对肺的进一步损害，减轻症状并改善生活质量。尘肺病完全可防但不可治愈，防止吸入有害粉尘是预防尘肺病的有效途径。

风险 / 表现识别

尘肺病的严重程度根据粉尘的种类、受影响的肺部面积大小以及接触粉尘的强度而变化，差异很大。尘肺病有时不会引起任何症状，而是在劳动者健康检查中通过胸部 X 线和肺活量测定发现了尘肺病的早期征兆。在极少数情况下，尘肺病可以非常严重并导致死亡。在中国，尘肺病一般分为矽肺、煤矽肺、煤工尘肺、石棉肺、铸工尘肺、水泥尘肺、电焊工尘肺、铝尘肺、滑石尘肺、云母尘肺、陶工尘肺和石墨尘肺等（图 3.1 ～图 3.5）。

粉尘对健康的损害可表现为全身性的或局部的，包括：尘肺，职业性肺癌，职业性中毒，呼吸性肺泡炎，职业性哮喘，职业性皮肤病，慢性阻塞性肺疾病，矽肺结核，粉尘沉着症，硬金属肺病等。

引起尘肺病的常见粉尘如下：

石棉纤维。可能接触石棉的劳动者包括石棉矿工、建筑工、水管工、造船工等。长时期接触和接触浓度高者患石棉肺、肺癌和石棉间皮瘤的风险高。石棉肺癌和石棉间皮瘤的潜伏期很长，通常在首次接触 10 年或 20 年甚至更长时间后才会发生。

二氧化硅。游离二氧化硅是沙子和岩石中灰尘的主要成分。接触二氧化硅的劳动者包括矿工、喷砂工、石匠和铸造工。长时间和高浓度接触者患矽肺病的风险高。多年低接触水平通常会导致"慢性单纯性矽肺病"，在肺中会形成许多小的炎症结节。这是矽肺病的最常见形式。在少数情况下，当许多小结节一起增大增多成块时，单纯性矽肺病会发展为一种更为严重的矽肺病，即称为"进行性大块纤维化（PMF）"。在 PMF 中，患者会出现更严重的呼吸道症状，因为这些大的炎症结节限制了肺的正常功能。如果在短时间内接触高浓度的二氧化硅粉尘，则患者可能会发展为"速发型"或"急性"矽肺病。急性矽肺病很少见，通常仅在极高的接触量下才发生，但在大多数情况下会导致死亡。

煤尘。由含碳素粒子组成，煤矿工有吸入这种粉尘的危险。煤矿工也可能会接触含二氧化硅的粉尘，因为煤矿开采可能涉及对含二氧化硅的岩石进行一些钻探。接触石墨粉尘的劳动者也可能发生石墨尘肺病，类似于煤工尘肺（CWP）。就像矽肺病一样，CWP 是常见的单纯性矽肺病，在肺中形成炎症结节，但在少数患者中可能发展为 PMF。

此外，慢性铍病（也称为铍病）是另一种与工作有关的肺部疾病，被认为也属于尘肺病。铍是一种非常坚固和轻便的金属，用于电子、航空航天和核电行业。慢性铍病是由于在加工过程中（例如在熔炼或研磨过程中）工人吸入空气中的铍而引起的。还有其他一些不太常见的矿物粉尘也可能引起尘肺，包括钴、滑石粉和氧化铝。

预防方法

1. 使用特殊的切割技术而不是通过研磨或除尘来消除粉尘。

2. 使用湿式切割工艺。

3. 使用更安全的产品或物质，避免使用有害的产品或物质，例如在陶器行业中使用氧化铝粉代替火石或石英。

4. 使用更安全的产品形式，例如使用颗粒而不是粉尘状的材料。

5. 使用粉尘抑制的材料和乳剂或糊剂，而不要混合干成分。

6. 改变过程以排放更少的物质。封闭生产过程，防止粉尘溢出。在污染源附近抽取粉尘排放物。

7. 尽量减少有危险的劳动者人数。

8. 采取适当的管理控制措施，例如减少劳动者接触粉尘的时间。

9. 提供个人防护用品（PPE），例如手套、工作服、防尘口罩和呼吸器。PPE 必须适合穿戴者。个人防护用品的使用只能在采取了以上预防措施后，仍不能有效保护劳动者的粉尘接触时才予以考虑。个人防护用品应作为采取了工程技术等防尘措施后的最后一道防线。

10. 清洗皮肤，确保彻底清洗与矿物粉尘接触的身体任何部位。在进食或喝水之前，请特别小心洗脸和洗手。

11. 清除工作服上的粉尘。

12. 戒烟，尽管吸烟本身不会引起尘肺，但是会增加患此病的风险，因此应尽快戒烟。

13. 进行定期检查，由于及早发现有助于最大限度地减少由此造成的损害，因此，应该定期进行身体检查并进行常规的胸部 X 线检查。当出现尘肺病的常见症状后，尽快去复检和按规定向医生和有关部门报告。

更多提示

➤ 吸入空气中的粉尘，特别是矿物粉尘，会导致尘肺病。

➤ 尘肺病完全可防，但不可治愈，防止吸入有害粉尘可预防尘肺病。

➤ 防尘控尘重点要首先放在采取工程技术手段，在源头消除和减少粉尘的产生，其次是采取组织安排和行政手段减少劳动者接尘的时间，最后才是个人防护用品。

➤ 向劳动者宣传接触粉尘的危害和对劳动者进行安全操作培训。

➤ 建立劳动者健康监护制度，为接尘劳动者提供定期体检。

➤ 建立健全劳动者健康监护档案系统。

➤ 发现尘肺病和其他职业病及时向主管部门报告。

➤ 加入社会工伤保障体系为劳动者提供工伤职业病赔偿。

要点谨记

尘肺病完全可防，但不可治愈，防止产生和吸入有害粉尘是预防尘肺病的有效途径。

3

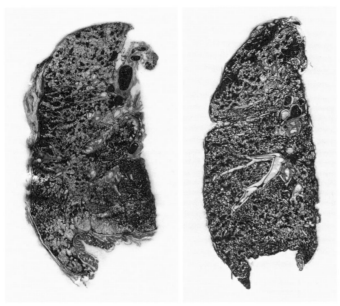

图 3.1 矽肺二期结节型

可见两肺胸膜下多数矽结节，他处结节相对较少

图 3.2 矽肺结核团块伴大空洞形成

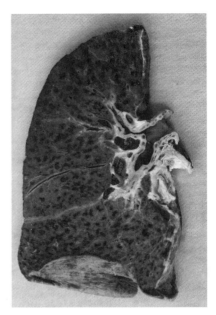

图 3.4 煤工尘肺（尘斑型，右肺）

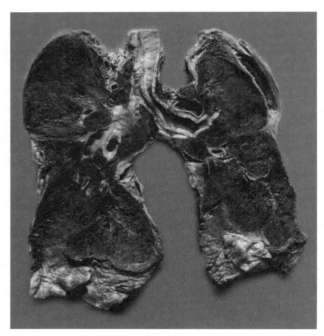

图 3.5 煤矽肺三期

（图 3.1～图 3.5 由苏敏、邹昌淇提供）

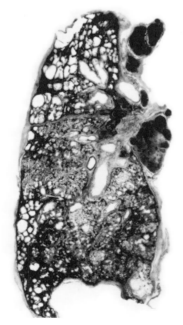

图 3.3 石棉肺（弥纤型，右肺）

检查要点 2

识别粉尘的来源

原因简析

生产性粉尘是指在生产中形成的，并能长时间飘浮在空气中的固体微粒。

产生和存在生产性粉尘的行业和岗位众多，不同的行业和岗位所接触到的粉尘的性质和途径不同，因此所采取的防护措施也应有针对性。

接触生产性粉尘的主要行业包括：矿山开采、建材制造、建筑、冶金、机械制造、纺织、皮毛制造、农业及农产品加工等。

接触生产性粉尘的主要岗位包括：凿岩、爆破、采矿、运输、装卸、原材料准备、粉碎、筛分、配料、切割、打磨以及焊接等。

风险 / 表现识别

粉尘对健康的损害可表现为全身性的或局部的，包括：

◆ 尘肺病：矽肺、煤矽肺、煤工尘肺、石棉肺、铸工尘肺、水泥尘肺、电焊工尘肺、铝尘肺、滑石尘肺、云母尘肺、陶工尘肺和石墨尘肺等；

◆ 职业性肺癌：石棉所导致的肺癌和胸膜间皮瘤；

◆ 职业性中毒：以颗粒物形式在空气中存在的或吸附在颗粒物表面的化学性有毒物质，如铅、砷、锰，导致的职业性中毒；

◆ 呼吸性肺泡炎；

◆ 职业性哮喘；

◆ 职业性皮肤病；

◆ 慢性阻塞性肺疾病；

◆ 矽肺结核；

◆ 粉尘沉着症；

◆ 硬金属肺病等。

改进方法

检查生产工艺流程是否有产尘环节。如有产尘环节，明确是否有粉尘作业岗位，检查粉尘作业岗位明细表和生产工艺流程图。

更多提示

➢ 明确粉尘来源可有三种方式：

（1）听取劳动者的反映；

（2）请管理部门提供档案资料或查阅技术报告；

（3）到现场察看。

要点谨记

明确生产过程中的产尘环节并建立相关档案，是粉尘危害防控的起点。

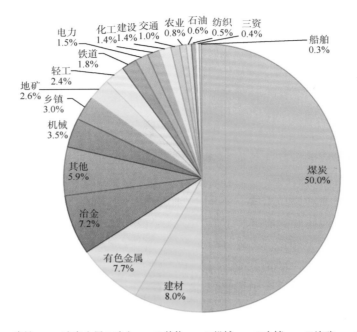

图 3.6　按行业系统报告尘肺病新发病例分布（中国大陆地区）（1997～2009 年）

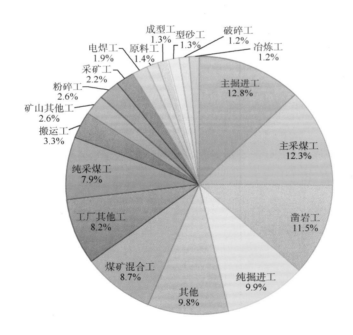

图 3.7　按统计工种报告尘肺病新发病例分布（中国大陆地区）（1997～2009 年）

资料来源：图 3.6 和图 3.7 数据来自我国尘肺病报告数据库

检查要点 3

识别粉尘的性质及其健康损害

原因简析

粉尘对健康损害的主要因素取决于其性质、接触浓度和接触时间。

粉尘的性质包括：粉尘的化学成分、粉尘的分散度、硬度、溶解度、荷电性。

粉尘的致病性包括：致纤维化、致癌、毒性、致突变、变应原性等。

风险 / 表现识别

粉尘对健康的损害可表现为全身性的或局部的，包括：

◆ 尘肺病：矽肺、煤矽肺、煤工尘肺、石棉肺、铸工尘肺、水泥尘肺、电焊工尘肺、铝尘肺、滑石尘肺、云母尘肺、陶工尘肺和石墨尘肺等；

◆ 职业性肺癌：石棉所导致的肺癌和胸膜间皮瘤；

◆ 职业性中毒：以颗粒物形式在空气中存在的或吸附在颗粒物表面的化学性有毒物质，如铅、砷、锰，导致的职业性中毒；

◆ 呼吸性肺泡炎；

◆ 职业性哮喘；

◆ 职业性皮肤病；

◆ 慢性阻塞性肺疾病；

◆ 矽肺结核；

◆ 粉尘沉着症；

◆ 硬金属肺病等。

改进方法

明确粉尘的理化性质，可以通过以下途径：

（1）查阅技术部门提供的工艺、技术、材料资料；

（2）查阅职业卫生专业的检测报告、分析说明；

（3）了解同类企业相似工艺的类比资料；

（4）参考文献资料；

（5）听取相关劳动者的意见和建议。

更多提示

➢ 确定粉尘的理化性质很重要，可初步判断其对人体危害的性质和程度。

➢ 确定粉尘的理化性质应采用综合性的方法加以分析、判定。

➢ 工作场所中可能存在多种粉尘，应全面加以识别。

➢ 特别注意新产业、新工艺、新设备、新材料所带来的新的职业危害。

要点谨记

粉尘的理化性质决定其致病性，应采用综合办法加以判定。

3

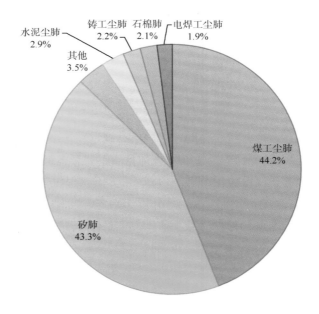

图 3.8　按病种报告尘肺病新发病例分布（中国大陆地区）（1997～2009 年）

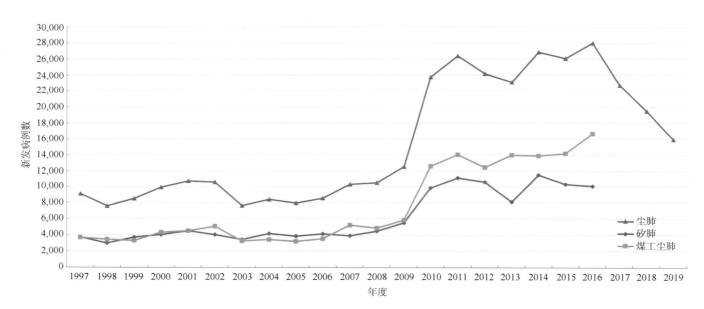

图 3.9　按年度报告矽肺、煤工尘肺和尘肺新发病例的年度变化趋势（1997～2019 年）

注：矽肺、煤工尘肺年度变化趋势为（1997～2016 年）

资料来源：图 3.8 数据来自我国尘肺病报告数据库；图 3.9 数据来自国家卫生健康委员会的官方报告和国家卫生年鉴

检查要点 4

检查工作场所粉尘浓度、接触途径和接触时间

原因简析

工作场所粉尘浓度越高，劳动者接触时间越长，吸入肺内的粉尘的量越多，对劳动者危害越大。

风险 / 表现识别

◆ 粉尘的接触途径以呼吸道吸入为主。

◆ 某些粉尘皮肤接触可引起过敏反应，如皮毛粉尘；或引起局部刺激、腐蚀等，如矿物棉粉尘、强碱性粉尘。

◆ 某些有毒粉尘也可进入消化道引起中毒，如铅尘。

改进方法

1. 用人单位应当建立、健全工作场所粉尘检测及评价制度。

2. 粉尘检测及评价制度应包括粉尘种类、检测点分布、检测周期、监测机构、经费保障等内容。粉尘浓度的监测应按照粉尘测定标准（GBZ/T192）的要求进行。

3. 按岗位记录劳动者的接触时间。

更多提示

➢ 工作场所粉尘浓度应符合国家职业接触限值的要求。

➢ 根据监测结果可初步判断工作场所是否符合要求，现有的防护设施是否足够。

➢ 监测结果应记录在用人单位职业卫生档案中。

➢ 监测结果应在作业场所公示。

➢ 粉尘浓度的职业接触限值参见 GBZ2.1。

➢ 明确粉尘的浓度和劳动者的接触状况，可以通过以下途径：

（1）查阅技术部门提供的档案资料；

（2）听取劳动者的介绍；

（3）查阅职业卫生专业的检测报告、分析说明等文件。

➢ 减少劳动者的接触时间。

要点谨记

工作场所粉尘浓度应符合国家职业接触限值，如可行应尽可能降低。

3

表 3.1　作业场所空气中粉尘的职业接触限值

| 序号 | 中文名 | PC-TWA（mg/m³） | | 备注 |
		总尘	呼尘	
1	白云石粉尘	8	4	—
2	玻璃钢粉尘	3	—	—
3	茶尘	2	—	—
4	沉淀 SiO₂（白炭黑）	5	—	—
5	大理石粉尘（碳酸钙）	8	4	—
6	电焊烟尘	4	—	G2B
7	二氧化钛粉尘	8	—	G2B
8	沸石粉尘	5	—	G1
9	酚醛树脂粉尘	6	—	—
10	工业酶混合尘	2	—	敏
11	谷物粉尘（游离 SiO₂ 含量＜10%）	4	—	敏
12	硅灰石粉尘	5	—	—
13	硅藻土粉尘（游离 SiO₂ 含量＜10%）	6	—	—
14	过氯酸铵粉尘	8	—	—
15	滑石粉尘（游离 SiO₂ 含量＜10%）	3	1	—
16	活性炭粉尘	5	—	—
17	聚丙烯粉尘	5	—	—
18	聚丙烯腈纤维粉尘	2	—	—
19	聚氯乙烯粉尘	5	—	—
20	聚乙烯粉尘	5	—	—
21	铝尘			
	铝金属、铝合金粉尘	3	—	
	氧化铝粉尘	4	—	
22	煤尘（游离 SiO₂ 含量＜10%）	4	2.5	—
23	棉尘	1	—	—
24	木粉尘（硬）	3	—	G1；敏
25	凝聚 SiO₂ 粉尘	1.5	0.5	—
26	膨润土粉尘	6	—	—
27	皮毛粉尘	8	—	敏
28	人造矿物纤维绝热棉粉尘（玻璃棉、矿渣棉、岩棉）	5（质量浓度） 1f/ml（纤维浓度）	—	—
29	桑蚕丝尘	8	—	—
30	砂轮磨尘	8	—	—

续表

序号	中文名	PC-TWA（mg/m³）		备注
		总尘	呼尘	
31	石膏粉尘	8	4	—
32	石灰石粉尘	8	4	—
33	石棉（石棉含量＞10%）			
	粉尘	0.8	—	G1
	纤维	0.8f/ml	—	
34	石墨粉尘	4	2	—
35	水泥粉尘（游离 SiO₂ 含量＜10%）	4	1.5	—
36	炭黑粉尘	4	—	G2B
37	碳化硅粉尘	8	4	—
38	碳纤维粉尘	3	—	—
39	矽尘			
	10%≤游离 SiO₂ 含量≤50%	1	0.7	
	50%＜游离 SiO₂ 含量≤80%	0.7	0.3	G1（结晶型）
	游离 SiO₂ 含量＞80%	0.5	0.2	
40	稀土粉尘（游离 SiO₂ 含量＜10%）	2.5	—	—
41	洗衣粉混合尘	1	—	敏
42	烟草尘	2	—	—
43	萤石混合性粉尘	1	0.7	—
44	云母粉尘	2	1.5	—
45	珍珠岩粉尘	8	4	—
46	蛭石粉尘	3	—	—
47	重晶石粉尘	5	—	—
48	麻尘（游离 SiO₂ 含量＜10%）			
	亚麻	1.5	—	
	黄麻	2	—	
	苎麻	3	—	
49	其他粉尘 [a]	8	—	—

表中列出的各种粉尘（石棉纤维尘除外），凡游离 SiO_2 等于或高 10% 者，均按矽尘职业接触限值对待。

a：指游离 SiO_2 低于 10%，不含石棉和有毒物质，而未制定职业接触限值的粉尘。

注：G1：人类确定致癌物；G2B：对人可疑致癌；TWA：时间加权平均容许浓度；总尘：指总粉尘，可进入整个呼吸道（鼻、咽、喉、气管、支气管、细支气管、呼吸性细支气管、肺泡）的粉尘；呼尘：指呼吸性粉尘，可达到肺泡区（无纤毛呼吸性细支气管、肺泡管、肺泡囊）的粉尘。

资料来源：资料来源于 GBZ2.1—2019。

 **检查要点 5**

检查工作场所粉尘的游离二氧化硅和石棉的含量

原因简析

粉尘中游离二氧化硅或石棉的含量是影响其致病性的关键因素。

风险 / 表现识别

◆ 我国将游离二氧化硅含量 ≥ 10% 的无机性粉尘称为矽尘。石棉含量 > 10% 的粉尘称为石棉尘。石棉纤维的长度和直径比 > 3 ： 1。

◆ 矽尘是致肺组织纤维化能力最强的粉尘，二氧化硅含量越高，致矽肺病的能力越强。

◆ 石棉可致肺癌和胸膜间皮瘤。

改进方法

1. 对粉尘危害性进行评价时，应以粉尘游离二氧化硅含量资料作为依据。

2. 如有石棉粉尘危害时，应全部识别出来。

更多提示

➢ 矽尘和石棉粉尘是粉尘危害防控的重点。

➢ 人造矿物纤维棉在生产过程中可产生矽尘，人造矿物纤维的危害与石棉类似，因此人造矿物纤维棉粉尘的危害也应引起重视。

➢ 如对粉尘游离二氧化硅含量进行监测，应按照监测规范的要求进行。

➢ 明确是否存在石棉粉尘危害。

➢ 明确粉尘游离二氧化硅和石棉粉尘含量可以通过以下途径：

（1）查阅技术部门提供的工艺、技术、材料资料；

（2）查阅职业卫生专业的检测报告、分析说明；

（3）了解同类企业相似工艺的类比资料；

（4）参考文献资料；

（5）听取相关劳动者的意见和建议。

要点谨记

粉尘中游离二氧化硅或石棉的含量是影响其致病性的关键因素。

应严格控制矽尘，尽量消除石棉粉尘。

图 3.10　治理前的石英加工模拟现场

粉尘污染严重，空气中矽尘超过 320mg/cm³，游离二氧化硅含量超过 90%，分散度极高，发生了群体性矽肺事件，矽肺患者最短接尘工龄 3 个月

图 3.11　治理后的石英加工清洁车间

采取了机械操作、密闭控制、分类出料，建立了统一的清洁队，湿式清扫，粉尘浓度达到了国家标准，有效控制矽肺病发生

3

福建某石英加工厂治理后不仅有效防治了职业病，保护了劳动者健康，也提高了生产效率，促进了当地经济发展。WHO 官员对石英加工厂的技术改造和管理模式的成功探索给予了高度的赞扬（2003～2005年）（本案例和照片由张敏提供）。

检查要点 6

检查工作场所粉尘的分散度

原因简析

粉尘的分散度是影响其致病性的关键因素。粉尘粒子分散度越高，呼吸性粉尘所占比例越高。

风险／表现识别

◆ 粉尘的分散度指粉尘的粒度分布或粉尘粒径的频率分布。分散度可按粒径大小分组的质量百分数或数量百分数表示，前者称为质量分散度，后者称为数量分散度。粉尘粒子分布中小粒径的粉尘所占比例越大，被人体吸入的机会就越多，对人体危害越大。

◆ 呼吸性粉尘是指可达到肺泡区（无纤毛呼吸性细支气管、肺泡管、肺泡囊）的粉尘，简称呼尘。即用呼吸性粉尘采样器按标准测定方法，从空气中采集的粉尘。

改进方法

1. 对粉尘的危害性进行评价时，应优先以呼尘的浓度资料作为依据。

2. 分散度的测定可与总尘浓度的测定配合使用。如已监测呼尘浓度，可不测分散度。

更多提示

➤ 粉尘粒子分散度越高，在空气中悬浮的时间越长，被人体吸入肺泡等肺组织深部的机会就越多，对人体危害越大。

➤ 应优先控制呼尘浓度高的粉尘作业岗位。

➤ 如对粉尘的分散度或呼尘的浓度进行监测，应按照监测规范的要求进行。

➤ 在职业卫生监测中，常用的粉尘分散度测量方法是用显微镜直接观察测得的投影粒径，计算的数量分散度。

➤ 明确粉尘的分散度或呼尘的浓度，可以通过以

下途径：

（1）查阅技术部门提供的工艺、技术、材料资料；

（2）查阅职业卫生专业的检测报告、分析说明；

（3）了解同类企业相似工艺的类比资料；

（4）参考文献资料。

要点谨记

呼尘是粉尘致病的主要成分。

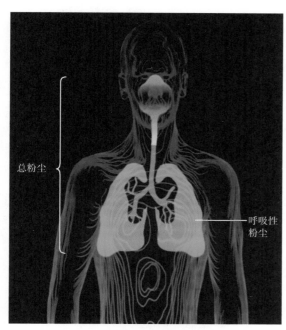

图 3.12　总粉尘与呼吸性粉尘的关系

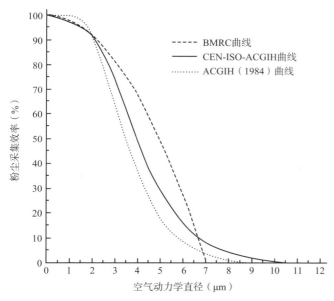

图 3.13　国际上的三种呼吸性粉尘曲线

我国 GBZ2.1—2019 中规定，总粉尘是指可进入整个呼吸道（鼻、咽和喉、气管、支气管、细支气管和肺泡）的粉尘，简称总尘。呼吸性粉尘（简称"呼尘"）是指按呼吸性粉尘标准测定方法所采集的可进入肺泡的粉尘粒子，其空气动力学直径均在 7.07μm 以下，空气动力学直径 5μm 粉尘粒子的采样效率为 50%。我国呼吸性粉尘采样曲线符合 BMRC 曲线。

检查要点 7

检查工作场所粉尘的毒性

原因简析

有毒粉尘是指吸附或者含有可溶性有毒物质的固体颗粒物。如铸造粉尘表面吸附有多环芳烃、镍、铬等有毒物质，或者本身就是以颗粒物存在的有毒物质，如含铅、砷、锰等。

风险/表现识别

常见的有毒固体颗粒物质包括酚醛树脂尘、铸造粉尘、含氟粉尘、铅尘、电焊烟尘、金属熔炼烟尘、棉尘、制药粉尘、皮毛粉尘等。这些有毒物质主要通过呼吸道进入人体，也可通过皮肤和消化道进入人体，导致机体的中毒，如铅中毒、锰中毒。

改进方法

1. 含有毒物质的粉尘的总尘浓度应符合相应的职业接触限值。

2. 在评价粉尘的危害时还应单独查看有毒物质的浓度。每种有毒物质均应符合各自的职业接触限值。

更多提示

➤ 有些有毒物质在空气中以颗粒物形式存在，或附着在颗粒物表面。

➤ 毒物和粉尘经常以多种有害物质共存的形式存在。

➤ 粉尘颗粒粒径越小，同等质量下其表面积越大，可吸附的化学物质越多，可能引起更大的健康危害。

➤ 应注意粉尘颗粒物不仅可吸附无机或有机化学毒物，也可吸附放射性物质或生物病原体等。

➤ 有毒粉尘的毒性取决于其中所含有毒物质的理化特性和含量。

➤ 有毒粉尘的毒性作用可表现为急性、亚急性和慢性毒性作用。

➤ 有毒粉尘毒性作用效应可加强粉尘的致病性或

单独致毒性作用。

要点谨记

粉尘对机体的有害作用不仅可以导致尘肺，也可引起职业中毒。

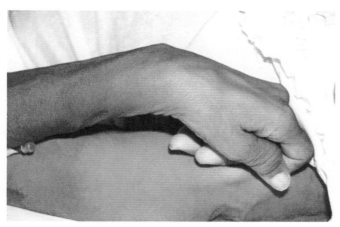

图 3.14　铅中毒

成人铅中毒和肾衰竭导致的"垂腕"（图片由国际劳工组织牛胜利提供）

3

检查要点 8

检查工作场所粉尘的致癌性

原因简析

某些粉尘本身是或者含有人类确定致癌物，如石棉、游离二氧化硅、镍、铬（六价铬）、砷、硬木粉尘等，可导致肺癌、鼻咽癌及胸膜间皮瘤等。

风险 / 表现识别

◆ 鼻咽癌、肺癌、胸膜间皮瘤及皮肤癌。

改进方法

1. 对粉尘的危害性进行评价时，应特别注意其致癌性。

2. 如有致癌物质时，应全部识别出来。

3. 明确是否存在致癌物质，可以通过以下途径：

（1）查阅技术部门提供的工艺、技术、材料资料；

（2）查阅职业卫生专业的检测报告、分析说明；

（3）了解同类企业相似工艺的类比资料；

（4）参考文献资料。

更多提示

➢ 致癌性物质理论上是没有阈限值的，因此应该采取技术措施和个体防护，减少接触机会，尽可能保持最低接触水平。

➢ 石棉是危害极其严重的致癌物，各种石棉都可导致职业性肿瘤，如无法禁止使用，应限制石棉的使用并做好防护。

注意：致癌作用是长期慢性的过程，因此应对致癌物质的有害作用持续追踪，持续收集并保存工作场所有害物质检测记录、劳动者职业接触史、既往病史和健康记录等。

要点谨记

致癌性物质理论上是没有阈限值的，应该采取措施尽量减少接触。

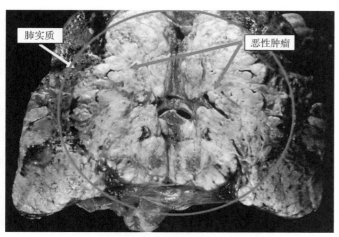

肺实质

恶性肿瘤

图 3.15　尸体解剖可见，患者死于石棉相关肺癌
（图片由 ICOH 前主席 Jorma Harri Rantanen 提供）

3

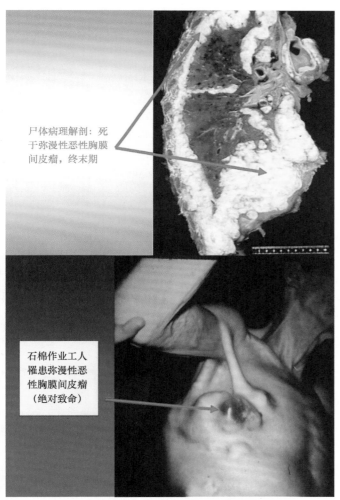

尸体病理解剖：死
于弥漫性恶性胸膜
间皮瘤，终末期

石棉作业工人
罹患弥漫性恶
性胸膜间皮瘤
（绝对致命）

图 3.16　石棉作业劳动者罹患致死性弥漫性胸膜间皮瘤
（图片由 ICOH 前主席 Jorma Harri Rantanen 提供）
ICOH：International Commission on Occupational Health，国际职业卫生学会

检查要点 9

检查工作场所粉尘的变应性（超敏反应）

原因简析

变应反应又称超敏反应，是机体受同一抗原再次刺激后所发生的一种表现为组织损伤或生理功能紊乱的特异性免疫反应。引起变应反应的抗原物质称为变应原。常见的变应原粉尘主要有谷物粉尘、植物纤维、木尘、茶叶粉尘、蔗渣粉尘、烟草粉尘、皮毛粉尘、丝尘、螨虫、含动物蛋白和血清蛋白等粉尘、其他动物性粉尘、合成纤维粉尘、合成树脂粉尘、对苯二胺、钛、钴、钨合金等硬金属粉尘、洗衣粉混合尘（含酶）。

风险 / 表现识别

◆ 部分粉尘具有变应原性，可以导致职业性哮喘、职业性肺泡炎、棉尘病和变应性皮肤病等疾患。

改进方法

1. 对于存在变应原性粉尘的工作场所，应特别注意其危害性。

2. 对于发生变应反应的劳动者应采取保护措施，必要时调离工作岗位。

3. 明确是否存在变应原和高危人群，可以通过以下途径：

（1）查阅技术部门提供的工艺、技术、材料资料；

（2）查阅职业卫生专业的检测报告、分析说明；

（3）了解同类企业相似工艺的类比资料；

（4）参考文献资料；

（5）听取员工的报告，对于有过敏史的劳动者应重点观察。

更多提示

➢ 在工作场所粉尘浓度不超过职业接触限值时也可发生变应反应。

➢ 接触致敏物，即使浓度很低，易感个体也可能产生疾病症状，对某些敏感的个体，应采取措施避免接触致敏物及其他结构类似物。

➢ 只有很少的人会因为接触而产生致敏，应通过上岗前职业健康检查筛检出易感人群。

➢ 变应反应可反复发作，并可导致不可逆的慢性呼吸道损害。

要点谨记

个人对致敏物质的反应有个体差异，应通过上岗前职业健康检查筛检出易感人群。

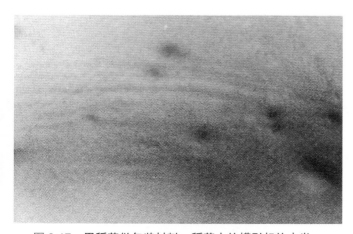

图 3.17 用稻草做包装材料，稻草内的螨引起的皮炎，
呈丘疹性荨麻疹

资料来源：何凤生，1999. 中华职业医学 . 北京：人民卫生出版社 .

3

检查要点 10

检查工作场所粉尘引起的皮肤黏膜损害等其他损害

原因简析

皮肤长期接触粉尘可导致阻塞性皮脂炎、粉刺、毛囊炎、油痤疮、氯痤疮、脓皮病、皮肤黑变病和接触性皮炎，酚醛树脂粉尘可导致接触性皮炎和变应性皮炎，金属粉尘可引起皮肤溃疡、角膜损害、角膜混浊，沥青粉尘可引起光接触性皮炎。

风险 / 表现识别

◆ 阻塞性皮脂炎、粉刺、毛囊炎、脓皮病、接触性皮炎、变应性皮炎、皮肤溃疡、角膜损害、角膜混浊、光接触性皮炎、皮肤烧灼伤等。

改进方法

1. 如果工作场所粉尘导致皮肤局部刺激和损伤，应注意皮肤的防护和清洁。

2. 应注意识别各种方式的接触：

（1）皮肤直接接触，如手臂插入粉状物料中；

（2）粉尘颗粒落在皮肤上，注意分清粉尘是产生于工作活动中还是意外泄漏；

（3）触摸被粉尘污染的物体表面；

（4）触摸和脱去被粉尘污染的衣服；

（5）意外喷溅或误食吞咽。

更多提示

➢ 沾染粉尘的工作服应及时清洗，不宜带出工作场所。

➢ 注意保持个人卫生，防止经口误食。

➢ 有些粉尘附着的有毒物质可以经完整的皮肤吸收，应注意皮肤防护。

要点谨记

工作场所粉尘也可引起皮肤黏膜等其他部位的损害。

3

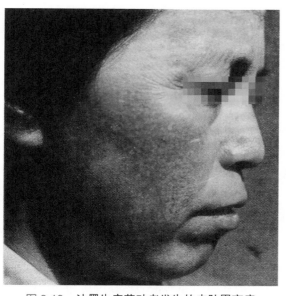

图 3.18 油墨生产劳动者发生的皮肤黑变病

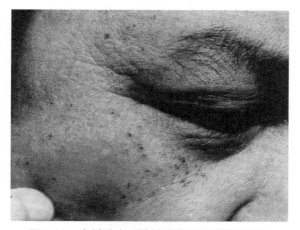

图 3.19 木材防腐厂接触防腐油及烟雾引起的
职业性痤疮（油痤疮）

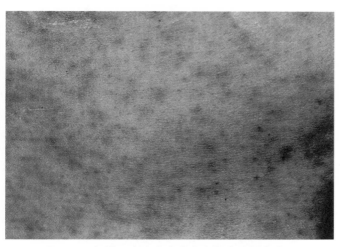

图 3.20 机械厂车工发生的全身性皮肤黑变病，
图示背部局部放大呈毛孔为中心的色素沉着

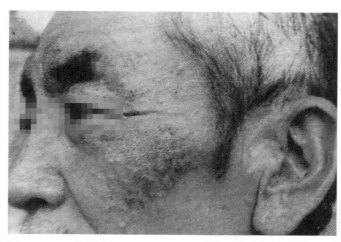

图 3.21 三氯苯车间生产劳动者发生的职业性痤疮（氯痤疮）

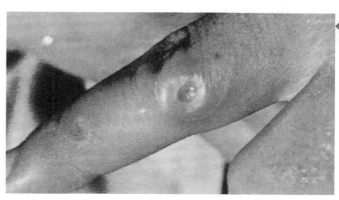

图 3.22 铍化合物引起的"鸟眼状溃疡"及瘢痕

资料来源：图 3.18～图 3.22 引自何凤生，1999. 中华职业医学. 北京：人民
卫生出版社.

检查要点 11

检查工作场所粉尘的爆炸性

原因简析

可氧化的粉尘在一定的浓度下一旦遇到明火、电火花和放电，会发生爆炸。

可氧化的粉尘包括煤尘、面粉、糖粒、亚麻尘、硫磺粉、铝粉等。

风险 / 表现识别

◆ 粉尘爆炸可引起严重的伤亡事故和财产损失。

改进方法

1. 有爆炸性的粉尘作业场所空气粉尘浓度不应超其爆炸下限的 10%。粉尘中如混有油污时，其作业场所空气粉尘浓度不应超其爆炸下限的 1%（表 3.2）。

2. 有爆炸性的粉尘作业场所空气粉尘浓度的控制除满足以上的要求外，还应满足其职业接触限值的要求。

3. 有爆炸性的粉尘在设计防护设施时，应有防爆要求，其设计应参照 GBZ1 等标准的要求。

4. 有爆炸性的粉尘应严格采取隔离措施，严格控制火种引入。

5. 应加强作业场所防爆管理，如使用防爆采样器、防爆照明灯具、穿戴防静电服和鞋子，禁止带入手机等。

更多提示

➤ 粉尘爆炸的条件包括：

（1）粉尘本身必须是可燃性的；

（2）粉尘必须具有相当大的比表面积；

（3）粉尘必须悬浮在空气中，与空气混合形成爆炸极限范围内的混合物；

（4）有足够的点火能量。

➤ 影响粉尘爆炸的因素有粒径、粉尘浓度、空气的含水量、含氧量、可燃气体含量等。粒径越小，其比表面积越大，氧吸附也越多，在空气中悬浮时间越长，爆炸危险性越大；空气中含水量越高、粉尘粒径越小，引爆能量越高。随着含氧量的增加，爆炸浓度范围扩大。有粉尘的环境中存在可燃性气体时，会大大增加粉尘爆炸的危险性。

要点谨记

粉尘爆炸可引起严重的伤亡事故和财产损失。

表 3.2 工作场所空气中粉尘爆炸下限参考

序号	中文名	英文名	爆炸下限（g/m³）
1	茶尘	Tea dust	32.80
2	酚醛树脂粉尘	Phenolic aldehyde resin dust	25.00
3	谷物粉尘（游离 SiO_2 含量＜10%）	Grain dust（free SiO_2＜10%）	45.00 [谷物淀粉（加工的）]
4	聚丙烯粉尘	Polypropylene dust	20.00
5	聚丙烯腈纤维粉尘	Polyacrylonitrile fiber dust	25.00
6	聚氯乙烯粉尘	Polyvinyl chloride（PVC）dust	—
7	聚乙烯粉尘	Polyethylene dust	20.00
8	铝尘 　铝金属 　铝合金粉尘	Aluminum dust 　Metal 　Alloys dust	 35.00 58.00
9	煤尘（游离 SiO_2 含量＜10%）	Coal dust（free SiO_2＜10%）	35.00（烟煤） 114.00（煤末） 35.00 [煤炭（沥青）]
10	棉尘	Cotton dust	25.20（棉花） 50.00（棉纤维） 50.00（棉花絮凝物）
11	木粉尘	Wood dust	25.00（木纤维） 40.00（木粉） 30.20（木质） 65.00（木屑）
12	烟草尘	Tobacco dust	68.00

注：空气中氧含量的标准为 19.5%～23.5%；氧含量低于 19.5% 为缺氧，高于 23.5% 为富氧。

数据来源：http://www.szehs.com/jcfl/zyws/6009.html。

第四章
工作场所通用的防尘控制措施检查要点

本章包括检查要点 12 ～ 21。

主要内容为从源头上消除粉尘；在工艺允许的情况下采取适宜的湿式作业降尘；采取密闭与隔离措施控制粉尘；在产生粉尘作业面安装有效的局部排风除尘装置，避免劳动者吸入粉尘；改善作业环境，提高作业舒适度；将含尘气体除尘后排放；改善作业操作规程；对作业现场进行清理整顿，定期维护防护设施；为劳动者提供适宜的个人防护用品，并确保正确使用和良好维护；配置适宜的辅助用室与卫生设施。

检查要点 12

从源头上消除粉尘

原因简析

从源头上消除粉尘是最根本的防治措施。

风险／表现识别

◆见检查要点 1。

改进方法

查看资料，听取建议，确定是否需采取源头控制措施。

更多提示

➤ 从源头上消除粉尘的控制措施主要包括：

（1）转变观念，尽量消除粉尘作业，如城市花坛尽量使用可循环利用的环保材料，减少不必要材料的使用；

（2）禁止或限制使用危害大的原材料：如石棉作为确定的人类致癌物，国际组织和多个国家已禁止使用各种形式的石棉。中国政府明确禁用青石棉，限制使用温石棉；

（3）替代：用低危害的工艺、技术和材料替代高危害的，用无危害的工艺、技术和材料替代低危害的。如用石英含量低的原材料代替石英材料，用摩擦焊替代电弧焊工艺等；

（4）淘汰落后的生产工艺、技术和产能（可参考国家和淘汰落后工艺、技术和设备的相关地方文件）；

（5）改革生产工艺，革新生产设备，减少粉尘的产生和逸散。优先采用机械化、自动化、智能化远程操作，减少作业人员接触粉尘的机会；

（6）将产尘作业岗位与非产尘作业岗位隔离，从源头上消除非产尘作业岗位的粉尘危害；

➤ 采用新工艺、新技术、新材料时应进行系统评估，避免产生新的尘源。

➤ 明确是否应采取粉尘源头控制措施，可以通过以下途径：

（1）查阅技术部门提供的工艺、技术、材料资料；

（2）查阅职业卫生专业的检测报告、分析说明；

（3）了解同类企业相似工艺的类比资料；

（4）参考文献资料；

（5）听取作业场所相关劳动者的建议。

要点谨记

在可行的情况下，应优先考虑从源头上消除粉尘。

图 4.1　矿山有序开采

（张敏拍摄于德国一家 150 年历史的采矿企业）

图 4.2　某石料加工厂露天作业场所（无序开采，应予以淘汰）

2019 年摄于某石料加工厂。将开采出来的大块原料用破碎机破碎成不同规格的石子以用作建筑材料。以矽尘为主。破碎和储存、运输过程中粉尘危害较为严重，应加以治理或予以淘汰和禁止（图片由祁成提供）

石棉的使用

- 世界上使用的石棉有90%用于建筑材料、石棉水泥板，管道或储水箱。
- 加热器和加热管道
    水泥管
    刹车片和传动部件
    电线材料
    管道覆盖
    屋顶产品
    管道和住房保温
    防火材料
    锅炉绝缘垫
    管道或加热器保温
    乙烯薄板或地板砖
    薄板地板垫层

（a）

全世界每年至少10.7万人死于石棉相关疾病

- 每年死于石棉的人
    - 至少10.7万人是由于职业暴露而患肺癌、间皮瘤和石棉肺
    - 接近400例死亡是由于生活环境暴露
    - 控制非职业暴露非常困难

（b）

世界卫生组织对石棉暴露评价结论的概括

1. 所有类型石棉引发石棉肺、间皮瘤和肺癌
2. 未发现安全的暴露阈值水平
3. 尚未发现存在更安全的替代物质
4. 控制劳动者和其他使用石棉产品者的暴露极其困难
5. 以完全安全的方式清除石棉是非常昂贵和困难的

Working with asbestos-containing materials requires enormous measures for protection

（c）

图 4.3　石棉的预防控制

（图片由 WHO Rokho Kim 提供）

2004年全球石棉大会——东京宣言

　　2004 年 11 月 19 日至 21 日，来自世界 40 个国家和地区出席"2004 年全球石棉东京会议"的与会者，在确认石棉致癌物对健康产生破坏性影响的基础上，向各国政府、组织、团体和民众提出以下宣言：呼吁全球、全社会动员起来，立即行动，消除石棉危害。

　　1. 禁止：各国应禁止对石棉的采掘、使用、贸易和再利用。应按照已建立的规章和程序安全清除和处理石棉及其制品。

　　2. 保护劳动者及公众：可能接触石棉制品的劳动者和公众应当积极参与，并通过开展适当的危险因素管理手段，来保障自己的健康免受损害。应优先考虑被破坏环境的重建恢复工作。

　　3. 代用品：应探索石棉代用品，重点考虑代用品是否低毒和可行。

　　4. 信息交流：国际机构和相关组织以及热心公众应通力合作，发展和普及可迅速利用的信息资料。并持续地、系统地组织有助于提高防护意识的宣传活动。

　　5. 合理过渡并防止向发展中国家转移：应尽一切努力禁用石棉，并确保因为参加禁用石棉活动而受到影响的劳动者和社区的公平过渡及社会保护。共同努力阻止石棉制品、含石棉制品及废弃物向发展中国家转移。

　　6. 赔偿和治疗：应当使石棉受害者及其家属得到及时的治疗及合理的赔偿。对积极参加地方宣传活动并直接参加禁用石棉行动的受害者及其家庭应予优先治疗和赔偿。

　　7. 合作：国际合作至关重要。受害者、劳动者、公众、决策者、学术团体、律师、贸易工会、农业组织、相关机构和有兴趣的机构应积极参与，互相合作。通过现有信息网络交流经验。

　　为了使全人类创建无石棉环境的国际行动持续开展下去，对上述条款的进展状况进行连续的、全球性的监测至关重要。通过我们的共同行动，我们坚信一定能够、必须也必将创造一个无石棉的国际环境。

　　1972 年，丹麦成为第一个部分禁止石棉的国家，截至 2000 年，有 35 个国家和地区开始禁止，到 2013 年，有 67 个国家和地区部分或全部禁止石棉。

英国健康安全署（HSE）建议的工作场所控尘措施

　　控尘措施通常包括一系列减少暴露的设备和方法组合。正确的组合至关重要。即使控尘方法具有高度实操性，只有在正确使用的情况下才能真正发挥作用。

　　按照优先顺序，正确的控制措施组合可以包括：

（1）消除有害产品或物质的使用，并使用更安全的产品或物质；

（2）使用更安全的产品形式，例如糊膏而不是粉末；

（3）改变生产过程，减少粉尘排放；

（4）密闭生产过程，避免粉尘外逸；

（5）在尘源抽排粉尘；

（6）减少接尘劳动者数量；

（7）应用适当的行政控制措施，例如减少劳动者接触粉尘的时间；

（8）提供个人防护用品（PPE），例如手套，工作服和呼吸器。个人防护用品必须适合穿戴者。必须是在应用了前述措施的基础上，有必要时才提供个人防护设备，不能用PPE替代前述措施。

　　如果采取以上（1）至（8）项的任何措施组合，需确保这些措施是联合发挥作用。

　　切记，在考虑控制措施时个人防护用品是最后的手段。应始终优先考虑其他控制措施，例如减少源头的粉尘排放，封闭源头和通过有效的局部排气通风（LEV）去除粉尘。

检查要点 13

在工艺允许的情况下，采用适宜的湿式作业降尘

原因简析

湿式作业是指以水为主的防尘措施。湿式作业可润湿粉尘、均匀混合物料，防止附着在物料的粉尘飞扬，并加速空气中粉尘颗粒的沉降。相对于其他方法，湿式作业具有简单易行、费用小、效果好等优点。

风险 / 表现识别

◆ 见检查要点 1。

改进方法

1. 查看资料，听取建议，确定是否需采取湿式作业措施，所采取的湿式作业的措施是否科学、有效，是否还可加以改善。

2. 采掘、爆破、破碎、物料输送、切割以及打磨等大量产生粉尘的作业岗位宜考虑湿式作业。

更多提示

➤ 湿式作业方式需根据作业特点加以确定，采用湿式作业宜由多学科的专业队伍进行系统评估后加以设计，并应定期进行成本 - 效益 / 效果分析。

➤ 湿式作业宜与其他防尘措施配套使用。

➤ 湿式作业设备或设施通常包括注水系统、管道、喷水系统等，作业时可根据需要加湿润剂和保湿泡沫等。

➤ 采取湿式作业时应注意以下问题：

（1）喷水时不得造成安全隐患，不得有爆炸风险；

（2）检查物料是否适宜喷水或洒水，是否有禁止喷水的要求；

（3）喷水系统压力和水质应满足要求；

（4）喷水头设计应达到捕集粉尘、均匀湿润物料或帮助混合物料等要求；

（5）切勿溅起已沉降的粉尘，避免造成二次扬尘；

（6）向空气中的喷水不应引起粉尘云的湍流，造成粉尘云的扩散；

（7）遵循节约用水的原则，应避免用水量过多，造成额外的负担；

（8）所产生的废水和污染物应有效处理，不能造成环境污染；

（9）湿式作业时应注意劳动者防潮保护，并为劳动者提供适宜的休息场所。

➤ 明确所采取的湿式作业方式是否适当，可以通过以下途径：

（1）查阅技术部门提供的工艺、技术、材料资料；

（2）查阅专业人员粉尘浓度的报告、防尘控制措施的设计说明；

（3）了解同类企业相似工艺的类比资料；

（4）参考文献资料；

（5）听取作业场所相关劳动者的建议。

要点谨记

采取适宜的湿式作业是简单易行、有效的防尘措施。

（a）　　　　　　　　　　　　　（b）

（c）

图 4.4　石材加工中喷水降尘
（图片由朱亮亮提供）

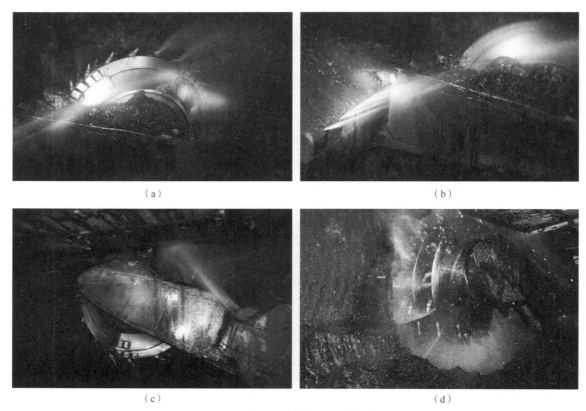

（a）　　　　　　　　　　　　　（b）

（c）　　　　　　　　　　　　　（d）

图 4.5　井下湿式作业：采煤机喷雾
（图片由王瑞、单永乐提供）

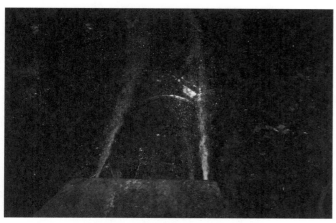

图 4.6　井下湿式作业：综掘机喷雾
（图片由王瑞、单永乐提供）

图 4.7　井下湿式作业：皮带巷喷水管
（图片由王瑞、单永乐提供）

4

检查要点 14

采取密闭与隔离措施控制粉尘

原因简析

密闭与隔离的目的是实现人与粉尘的分离。

扬尘性高、使用量大的粉尘宜优先采用密闭与隔离的控制措施。

风险 / 表现识别

◆作业场所空气中粉尘浓度无法控制或很少得到控制，作业人员粉尘接触量增加，引起尘肺病等职业危害。

改进方法

查看资料，听取建议，根据粉尘的扬尘性、粉尘的性质和使用量确定是否需采取密闭与隔离措施，所采取的密闭与隔离的措施是否科学、有效，是否还可加以改善，详见图 4.8。

更多提示

➤ 密闭系统应与材料、工艺等相匹配。

➤ 密闭系统应与通风除尘、湿式作业等措施配合使用。

➤ 工作区与密闭系统的设计应易于维护。

➤ 判断粉尘的扬尘性和产尘物料使用量可参考国际劳工组织推荐的半定量 / 半定性的简易方法：

（1）扬尘性分类方法

低：不会扬起的固体小球。使用时几乎不产生粉尘（如 PVC 颗粒、蜡片）；

中：晶体、粒状固体。使用时能见到粉尘但很快落下（如洗衣粉）；

高：细微而轻的粉末。使用时，可见尘雾形成，并在空气中停留几分钟以上（如水泥、炭黑、粉笔灰等）。

（2）使用量的判断方法

小：每个工作班的用量以袋或瓶，或以克为单位；

中：每个工作班的用量以桶，或千克为单位；

大：每个工作班的用量以散装，或以吨为单位。

➤ 通常采用的密闭隔离方法有：

（1）密闭分散的尘源，避免粉尘泄漏；

（2）密闭产尘量较大的生产设备或生产线；

（3）密闭运输带或转运货箱；

（4）采用加料、出料自动化装置；

（5）粉状物料存贮时进行密闭、分散包装或对堆料进行覆盖；

（6）隔离粉尘作业场所；

（7）设置密闭操作间和送风系统，将人与产尘环境隔离开来等。

➤ 检查密闭隔离系统应注意以下问题：

（1）如操作允许，应使加工设备保持负压，防止粉尘泄漏；

（2）密闭隔离易燃性颗粒物应考虑防爆措施；

（3）确保转运系统保持密封，所有连接处无泄漏；

（4）采取措施，避免料仓装料过满；

（5）排出的含尘空气应排放至远离门窗和进风口的安全地方；

（6）露天作业时可优先考虑隔离并保护作业人员；

（7）维护和清理密闭系统时应遵循密闭空间作业管理要求。

要点谨记

采用适宜的密闭和（或）隔离系统是广泛适用的、有效的防尘措施。

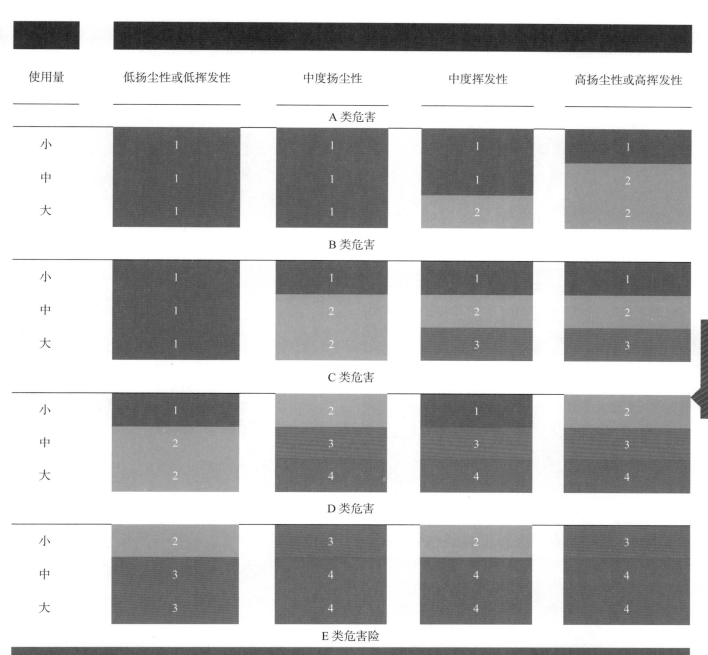

使用量	低扬尘性或低挥发性	中度扬尘性	中度挥发性	高扬尘性或高挥发性
	A 类危害			
小	1	1	1	1
中	1	1	1	2
大	1	1	2	2
	B 类危害			
小	1	1	1	1
中	1	2	2	2
大	1	2	3	3
	C 类危害			
小	1	2	1	2
中	2	3	3	3
大	2	4	4	4
	D 类危害			
小	2	3	2	3
中	3	4	4	4
大	3	4	4	4
	E 类危害险			
对所有归在 E 类危害的物质，应采用控制方法 4				

图 4.8　化学品危害控制方法一览

注：1. 化学品危害控制方法是指根据物质危害水平、物质使用的量和成为气溶胶的能力（扬尘性或挥发性），确定在贮存、使用、处理和处置某种化学品过程中可能发生危险暴露的必需的预防控制方法。化学品危害控制方法分类分为四种，包括全面通风、工程控制、密闭控制和特殊方法，图中的数字 1 至 4 依次表示这四种控制方法。化学品危害控制方法的详细描述可参考《化学品职业危害分类控制技术》（化学工业出版社，2006）的 5.3.2。控制方法 1 是"全面通风"，控制方法 2 是"工程控制"，控制方法 3 是"密闭控制"，控制方法 4 是"特殊方法"。

2. 为了帮助识别不同化学品的潜在危害，ILO 将危险度术语标识按危害由小到大分为五类，分别用字母 A、B、C、D、E 表示。危险度术语为 C 类的物质较 A 类和 B 类物质更危险，E 类的物质最危险。关于危害水平的详细分类说明可参考《化学品职业危害分类控制技术》（化学工业出版社，2006）的 5.3.1。

图 4.9 某汽车零部件厂自动焊接加工间（良好实践）

某汽车零部件厂自动焊接岗位，采用全封闭设计防止烟尘逸散，房间上部设有机械排风，及时排出烟尘，劳动者仅在上料时进入（图片由朱亮亮提供）

图 4.10 机械通风，密闭隔离危害源，良好的现场管理

图 4.11 机械通风，密闭隔离危害源，良好的现场管理

图 4.12 灰库装车（良好实践）

2014 年 12 月摄于江苏某电厂。灰库装车，灰库中的飞灰经干式散装机装入罐车，散装机卸料时散装头下降到密闭自卸罐车入料口，装料过程中诱导气流产生的二次扬尘通过伸缩套管中的夹层通道进入吸尘管路，由风机送入布袋除尘器净化后排放。此过程完全密闭化（图片由吕琳提供）

图 4.13 灰库装车（应立即改善）

2008 年 9 月摄于河北某电厂。锅炉灰渣自灰库装车外运过程未密闭，下料口距离运灰车有落差，装车开始时由于负压造成矽尘从车顶逸散，矽尘浓度严重超标（图片由吕琳提供）

图 4.14 某水泥厂原料破碎机（应立即改善）

2014 年 11 月摄于某水泥厂。矿石原料破碎机。设备自动上下料，劳动者在控制室远距离操作。设备有密闭，但密闭不严，有少量粉尘泄漏逸散，造成严重积尘、二次扬尘（图片由祁成提供）

检查要点 15

在产生粉尘作业面安装有效的局部排风除尘装置，避免劳动者吸入粉尘

原因简析

空气中的有害粉尘和纤维损害劳动者的健康。劳动者因接触这些有害因素可以导致尘肺和其他职业病。这些疾病造成的损失与职业事故所造成的损失一样，不仅影响劳动者健康，也会影响企业的生产和发展。即使空气中的有害粉尘和纤维浓度和接触时间未达致病程度，这些有害物质也可引起劳动者疲劳、头痛、头晕及眼睛或喉咙受到刺激，进而影响劳动者的工作效率，增加劳动者的缺勤和流动性。如果无法避免使用有害粉尘和纤维产品或物质，无法用更安全的产品或物质进行替代，无法通过改变生产过程和密闭生产过程有效控制粉尘和纤维产生从而避免有害粉尘和纤维进入作业环境和污染劳动者，在这种情况下，通过在有害粉尘和纤维产生的源头采取措施抽风除尘，可以有效地解决此类问题。

风险／表现识别

◆ 作业场所粉尘浓度得不到控制或浓度超过标准和职业接触限值，劳动者接触粉尘引起不适和尘肺病等职业病。

改进方法

1. 选择自动生产线或劳动者接触粉尘危害风险最小的设备和生产过程。

2. 工作场所应尽量密闭粉尘发生源，防止其扩散，使劳动者不接触粉尘，或将劳动者的工作点尽量设置在远离尘源处。

3. 提供远程操作或控制作业手段，如手套箱。

4. 如不能密闭整个生产过程，应考虑使用局部通风除尘系统，使用与排风系统相连的通风罩、通风柜或操作间。

5. 如无法安装局部排风系统，或现有排风系统无法保证劳动者的健康，应向劳动者提供适宜的呼吸防护器和其他个人防护用品（如防护服、护目镜、手套、工作靴等）。

6. 教育和培训劳动者作业时严格遵守防尘和控尘的作业规程，保持工作场所清洁，使用真空吸尘器或湿式作业法保持地面和作业台面清洁，发现有粉尘污染时，及时清除。发现问题及时报告。

7. 定期检查和维护抽风除尘设备，保证设备安全有效运转。负责检查和维护的人员应受过培训，具有相应资质和拥有相关知识和经验。

更多提示

➤ 有效地应用局部抽风除尘设备需要熟悉和充分了解生产过程和粉尘产生来源。

➤ 应根据生产工艺和设备的特点，设计和安装局部抽风除尘系统。

➤ 为保证局部抽风系统的除尘效率和效果，应合理安排工作车间的空气流动方向，避免出现交叉气流，防止送风和排风气流的通风短路。

➤ 使用机械局部抽风除尘系统还应注意以下事项：

（1）当尘源集中于某处发生时，或当粉尘发生量大时，或在较大的车间内需排出粉尘时，应在有害物源处设置局部排风设施；

（2）采用局部通风装置，在粉尘扩散到工作地点前，应有足够的气流捕获粉尘，一般要求风速1m/s以上，应在粉尘的源头处测量风速；

（3）局部通风排风罩的设计应遵循形式适宜、位置正确、风量适中、强度足够、检修方便的原则；

（4）切勿让劳动者到污染源和局部通风之间的中间地带，或者在污染空气的排放路径之中；

（5）可能的情况下，机械通风应尽量选用短而直的排（送）风管，避免使用长而弯曲的管子；

（6）全密闭或局部通风排出污染空气时，需增加全面通风的进风量；

（7）经常有人通行的地道，应有自然通风或机械通风，并不得敷设有毒液体或有毒气体的管道；

（8）机械通风装置的进风口位置，应设于室外空气比较洁净的地方。相邻车间的进气和排气装置，应合理布置，避免不利影响；

（9）机械通风送入车间空气中粉尘的含量不应超过职业接触限值的30%；

（10）使用手持工具产尘时，可使用能与工具或手持工具相连的具有内置式抽风机的排风罩。

➢ 日常作业时应检查设备和工艺以防粉尘泄漏。日常使用通风设备时可提供简易方法检查局部通风处于正常状态，如在吸风口侧系上丝带。

要点谨记

在含有粉尘纤维等有害气体逸散到劳动者呼吸带前，就在产生的源头将其除去，这是避免劳动者吸入粉尘纤维等有害物质及预防尘肺病和其他职业病的最有效方法。如不能使用密闭系统，应采用有效的局部排风系统。

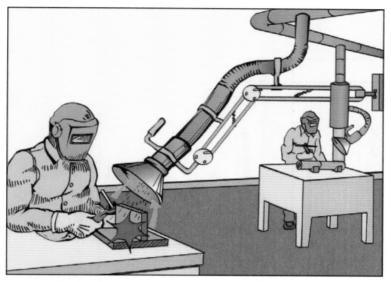

当采用密闭系统不适用时，在产生粉尘和气体源点安装局部排风系统，使粉尘和气体逸散到劳动者呼吸带之前就将其排出

图 4.15　机械通风除尘

资料来源：国际劳工局，2014.工效学检查要点.北京：中国工人出版社.

4

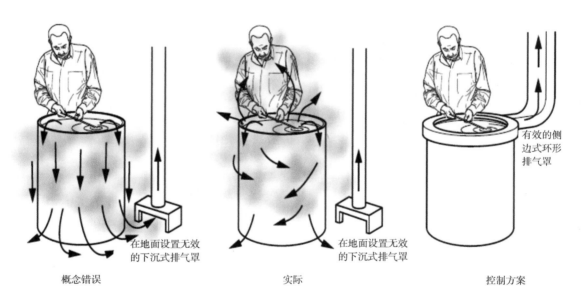

概念错误　　　　　　　　　　实际　　　　　　　　　　控制方案

图 4.16　建造局部通风除尘（LEV）系统所选用的材料（见第七章）

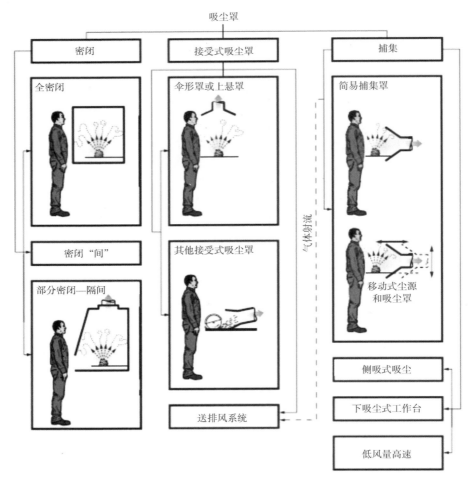

图 4.17　分类：LEV 吸尘罩的类型

图 4.18　表面处理：确保吸尘罩靠近尘源

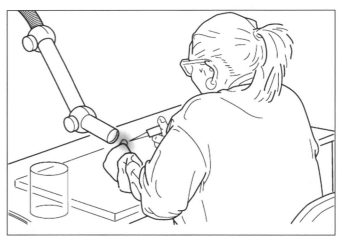

图 4.19　精细修补：随着操作移动吸尘罩

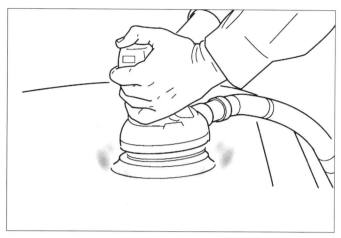

图 4.20　砂磨：当表面曲率变化时，确保吸尘正常进行

4

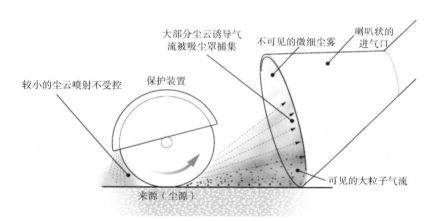

图 4.21　磨砂轮和接受罩

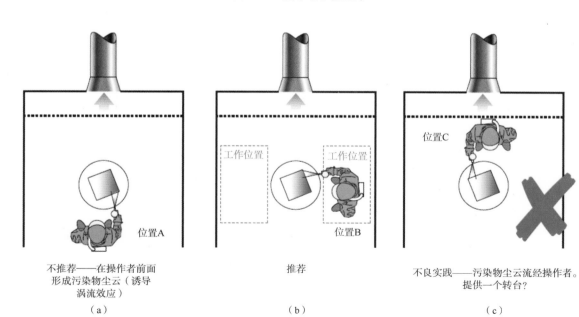

图 4.22　"步入式"隔间的工作位置

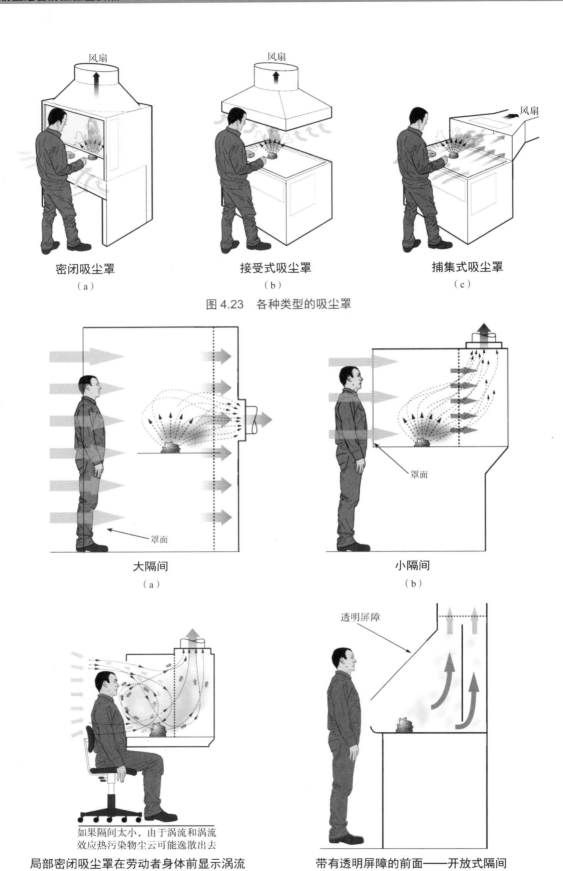

密闭吸尘罩
（a）

接受式吸尘罩
（b）

捕集式吸尘罩
（c）

图 4.23　各种类型的吸尘罩

罩面

大隔间
（a）

罩面

小隔间
（b）

如果隔间太小，由于涡流和涡流效应热污染物尘云可能逸散出去

局部密闭吸尘罩在劳动者身体前显示涡流
（c）

透明屏障

带有透明屏障的前面——开放式隔间
（d）

图 4.24　各种隔间

清空集尘袋时的LEV除尘系统

丢弃的集尘袋折叠时无LEV除尘系统

图4.25 清空集尘袋时的 LEV 除尘系统,折叠丢弃的集尘袋无 LEV 除尘系统

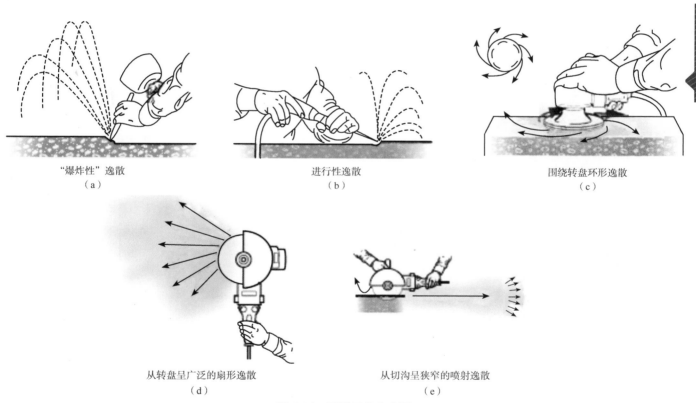

"爆炸性"逸散
(a)

进行性逸散
(b)

围绕转盘环形逸散
(c)

从转盘呈广泛的扇形逸散
(d)

从切沟呈狭窄的喷射逸散
(e)

图4.26 石雕工艺和来源

资料来源:图 4.16 ~图 4.26 引自 HSE(2017):Controlling airborne contaminants at work:A guide to local exhaust ventilation(LEV),TSO:Norwich,
https://www.hse.gov.uk/pubns/priced/hsg258.pdf [2021-2-22]
HSE:Health and Safety Executive,英国健康安全委员会

图 4.27 　某铸造生产线局部通风装置（良好实践）
2019 年摄于某铸造厂，铸造生产线局部通风装置（图片由祁成提供）

图 4.28 　联合使用通风系统

检查要点 16

改善作业环境，提高作业舒适度

原因简析

粉尘作业常常伴随其他不良环境因素，如高温、高湿、有害化学挥发性物质、烟雾、柴油尾气颗粒等。在确保有效控尘、除尘和不会发生由于扬尘、逸尘污染车间非产尘工作面的情况下，也需要适当考虑充分利用自然或机械全面通风改善工作环境，使劳动者能在更加健康和舒适的环境中作业。

风险／表现识别

◆作业车间的温度、湿度、不良气味、化学挥发物、烟雾、飘尘、柴油尾气颗粒等空气中的有害物质会引起作业人员的不适，严重时甚至引起职业病。

◆作业场所缺少新鲜空气，温度和湿度过高或过低等，均会导致劳动者工作效率降低。

改进方法

1. 应由受过训练并且具有资质和经验的专业人员针对生产作业车间特点设计合理的自然和机械全面通风系统。

2. 应综合考虑增加自然或机械通风和消除或隔离空气污染源，在确保改善空气质量和作业环境时，不污染下风口的劳动者和总体环境，同时也要避免增加远离尘源或在室外工作的劳动者的接尘风险。

3. 根据气候条件状况合理制定开启通风窗口以及机械通风设备的操作规程。

更多提示

➢ 自然和全面通风不能取代在尘源采取的密闭、湿式作业和局部抽风除尘的优先实施措施。当存在大量粉尘时，不应采用自然通风方式除尘，需尽量密闭粉尘发生源，防止其扩散。如不能密闭尘源和通过实施湿式作业有效控制和消除粉尘，应考虑使用局部机械抽风除尘系统。

➢ 当依赖自然通风时（如在炎热的气候条件下），保护工作场所免受外界热影响很重要。同等重要的是，将热源转移到工作场所外，并改进工艺流程，尽量减少对特殊通风的需求。

➢ 在存在粉尘问题可能导致尘肺病的作业场所，如伴有高温、高湿等不良作业环境因素，要请有资质和有经验的专业人员设计自然和机械全面通风系统，避免由于不当设计造成自然通风或机械全面通风引起扬尘、扩大污染面或污染室外环境。

要点谨记

自然和全面机械通风，可以改善工作场所的空气质量，在粉尘危害很低时（比如浓度很低且均匀分布在整个作业场所），亦可通过空气置换和稀释效应作为除尘和控尘的辅助措施。但在有产尘危险的作业场所，需注意预防和避免不当自然通风和全面机械通风时可能会引起扩大污染范围和对位于下风口的劳动者和总体环境的潜在危害。

4

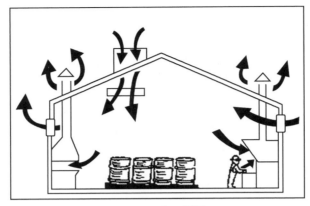

图 4.29　全面通风

资料来源：UNEP，ILO &WHO IPCS：健康和安全指南的用户手册，世界卫生组织，日内瓦

UNEP：联合国环境规划署；IPCS：国际化学品安全规划处

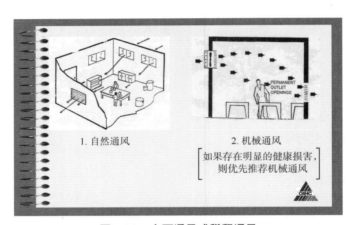

图 4.30　全面通风或稀释通风

资料来源：https：//slideplayer.com/slide/4765316/

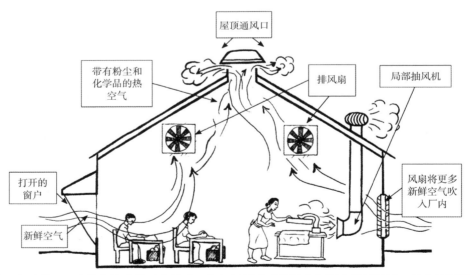

图 4.31　通风系统可以改善工厂内的气流和劳动者健康。但如果排出工厂的空气没有经过过滤，就会使工厂之外的人健康受损

资料来源：Todd Mailer（2015），Miriam Lara-Meloy & Maggie Robbins：Workers' Guide to Health and Safety，Hesperian Health Guides. https：//en.hesperian.

org/hhg/Workers%27_Guide_to_Health_and_Safety：Introductory_Material [2021-2-22].

图 4.32　某小型钢铁冶炼厂冶炼工段（应予以淘汰）

2008 年 5 月摄于某小型钢铁冶炼厂。采用通天炉熔炼铁水，无排风设备，粉尘危害严重，同时存在高温、多环芳烃等多种有害因素，现已被淘汰
（图片由祁成提供）

4

检查要点 17

将含尘气体除尘后排放

原因简析

除尘系统是将含尘气体从产尘源处抽出，通过排气风管进入除尘设备，净化后由风机将符合排放标准规定的气体排至大气的系列装置。除尘系统由吸尘罩、排气风管、除尘器、风机等组成。

风险 / 表现识别

◆ 含尘空气可污染环境。

◆ 含尘空气可污染进风，造成二次污染，增加作业场所空气中粉尘的浓度。

改进方法

查看资料，听取建议，确定采用的除尘器是否满足需要，排放的含尘空气是否满足环保的要求，是否还可加以改善。

更多提示

➢ 根据除尘机制的不同，目前常用的除尘器可分为以下几类：重力除尘、惯性除尘、离心力除尘、湿式除尘、静电除尘、过滤除尘。

➢ 选择除尘器应考虑如下因素：

（1）粉尘的理化性质，如温度、密度、粒径、吸水性、比电阻、黏附性、含湿量、露点、含尘质量浓度、化学成分、腐蚀性及爆炸性等；

（2）含尘气体流量、排放浓度及除尘效率；

（3）除尘器的投资、金属耗量及使用寿命；

（4）除尘器运行费用；

（5）除尘器的运行维护要求及用户管理水平；

（6）粉尘回收利用的价值及形式。

➢ 清除除尘装置的废弃物应注意如下事项：

（1）除尘器应设在远离门和窗的室外；

（2）根据除尘装置的使用情况及时进行清理；

（3）清除易燃固体，应考虑采用防爆、泄压措施，确保设备适当接地；

（4）避免超载，应有适宜的方法显示排出的废弃物已集满；

（5）在排尘管上应安装关闭阀；

（6）按照环境保护要求处理废弃物，特别是石棉和矽尘。

要点谨记

除尘是从含尘气体中去除颗粒物以减少其向大气排放的技术措施。

除尘器的种类

按照所应用的主要除尘机制的不同，除尘器可以分为机械除尘器（机械力）和电除尘器（电力）两大类，机械力可以是重力、惯性力、冲击、碰撞力等。过滤也可以看成是机械力作用形式之一；根据是否采用液体，除尘器又可以分为干式和混式两种；根据除尘器效率的高低，除尘器又分为高效、亚高效、中效和低效除尘器。目前一般将常用的除尘器分为四大类：

（一）机械除尘器

机械除尘器包括利用重力的重力沉降室，利用惯性力的惯性除尘器以及利用离心力的旋风除尘器。这类除尘器的优点是结构简单、造价低，运行维护方便；缺点是除尘效率不高。机械除尘器常用作多级除尘系统中的前级预除尘。

（二）过滤式除尘器

过滤式除尘器包括袋式除尘器、空气过滤器和颗粒式除尘器。这类除尘器以过滤（包括拦截、扩散、惯性等）作为除尘的主要机制，其特点是除尘效率很高，可以达 99.5% 及以上；其缺点是结构比较复杂、维护管理工作量较大，滤料的限制条件也较多。

（三）洗涤式除尘器

洗涤式除尘器包括低能湿式除尘器和高能文丘里管除尘器。低能湿式除尘器如自激式、卧式旋风水膜除尘器，这类除尘器的特点是用水作介质。一般来说，湿式除尘器的除尘效率高，对含尘气体中的有害气体有一定的净化能力。洗涤式除尘器的缺点是会产生污水，需要进行处理，以免造成二次污染。

（四）电除尘器

电除尘器用电力分离作为除尘原理，包括干式电除尘器（干法清尘）和湿式电除尘器（湿法清尘）。这类除尘器的特点是除尘效率高、能耗低；主要缺点是钢材耗量大、投资高、运行管理比较复杂。

各类主要除尘器的分类情况示于表 4.1。

4

表 4.1　除尘器的分类、技术参数和使用条件

类型	除尘装置分类	原理	分离粒径（μm）	捕集效率（%）	压力损失（Pa）	设备费	运转费	适用条件
重力	重力沉降室、多段沉降室	重力沉降	＞50	40～60	50～150	小	小	预处理
惯性	撞击式、转向式	惯性、碰撞	＞20	50～70	200～500	小	小	预处理
离心	旋风除尘器、多管式旋风除尘器	离心作用	＞50 ＞5 ＞2.5	40～75 80～95 95	1000～2000	中	中	不适用于黏附性强的粉尘
湿式	贮水式、加压式、回转式	扩散、撞击	＞0.1	85～95	500～10 000	中	大	
过滤	袋式除尘器、填料过滤器	扩散、惯性、筛滤	＞1 ＞5	90～95.5 90	1000～2000 300～1000	中至大	中至大	不适用于黏附性、含湿性粉尘
静电		带电吸附	＞0.1	90～99.9	50～250	大	小至中	比电阻有要求

引自：谢景欣，朱宝立，2014. 职业卫生工程学，南京：江苏凤凰科学技术出版社.

图 4.33　布袋除尘器（图片由祁成提供）

图 4.34　旋风除尘器（图片由祁成提供）

检查要点 18

改善作业操作规程

原因简析

合理的操作规程有助于减少劳动过程中的职业危害，节能降耗，提高工作效率，减少安全风险，并有助于团队合作。

风险 / 表现识别

◆ 增加粉尘的逸散。

◆ 引起误操作。

◆ 造成浪费或不必要的损失。

◆ 引起机械安全事故。

◆ 影响团队成员合作。

改进方法

1. 采用小组模式讨论，改进操作规程，并培训到个人。

2. 组织自查，检查操作规程是否得到执行，并评估效果，持续改进。

更多提示

➢ 应当用中文制定操作规程并在作业场所的醒目位置公告，操作规程应当简明易懂、条款清楚、用词规范，还应当保证劳动者理解掌握。

➢ 良好的操作规程应符合以下原则：

（1）以人为本；

（2）人－机－环境协调；

（3）责任明确，上工位对下工位负责；

（4）环境效率高；

（5）设备安全；

（6）有利于促进工作能力的提高。

作业操作规程的要素样板见图 4.35。

要点谨记

合理的操作规程有助于减少劳动过程中的职业危害，节能降耗，提高工作效率，减少安全风险，并有助于团队合作。

4

资料卡
操作规程核心要素

- ◇ 文件编号：
- ◇ 文件名称：
- ◇ 文件状态：
- ◇ 岗位名称：
- ◇ 上岗所要求的条件：
- ◇ 工作任务：
- ◇ 上工序：
- ◇ 下工序：
- ◇ 主要设备：

- ◇ 主要原、辅材料：
- ◇ 作业方式和体位：
- ◇ 负重量、方式及时间：
- ◇ 职业危害与危险源点的识别：
- ◇ 职业危害控制策略：
- ◇ 主要职业性有害因素的职业接触限值：
- ◇ 工作场所出入管理：
- ◇ 工艺和设备要求：
- ◇ 岗位操作规程：

- ◇ 设备日常维护：
- ◇ 设备检查和测试：
- ◇ 作业场所清洁和整理：
- ◇ 个人防护用品：
- ◇ 职业卫生培训：
- ◇ 职业卫生检查：
- ◇ 劳动者职业安全卫生检查表：
- ◇ 应急救援：
- ◇ 更多信息：

图 4.35　操作规程核心要素

资料来源：张敏，2011.汽车行业职业危害分析与控制.北京：中国科学技术出版社.

图 4.36　某水泥厂料仓（良好实践）

2014 年 11 月摄于某水泥厂原料仓库。水泥原料预均化堆取料。密闭料仓，劳动者在堆取料机操作室内远程操作（图片由祁成提供）

图 4.37　良好的物料储存

（张敏拍摄于德国一家 150 年历史的工厂）

图 4.38　某水泥厂原料仓库（应立即改善）

2013 年 6 月摄于某水泥厂原料仓库。原料出入库、堆取料均采用铲车操作，大量扬尘，劳动者工作效率低（图片由祁成提供）

检查要点 19

对作业现场进行清理整顿，定期维护防护设施

原因简析

在生产过程中通常会有粉尘逸散出来，应当定期进行清除，并维护好防护设施的正常运行。

风险 / 表现识别

◆ 粉尘不仅对劳动者健康造成损害，也会增加机器的磨蚀和损害，降低原材料和产品的质量。

◆ 粉尘在地面、墙壁、屋顶及开关等处沉积会产生安全隐患。

◆ 粉尘在通风设施内部的沉积也会造成通风设施的效率下降乃至失效。

◆ 防护设施如果得不到良好的维护，不仅可导致作业场所粉尘浓度的增加，还可能产生噪声等其他危害。

改进方法

1. 推行文明生产或"5S"活动，对生产现场环境进行规范化管理。

2. 现场物品定置摆放，做到无杂物、无积尘、无积水。

3. 及时处理泄露，定期清除粉尘，并对防护设施进行维护保养。

更多提示

➢ 产生危害较大的粉尘的车间，应有冲洗地面和墙壁的设施。车间地面应平整防滑，易于清扫。

➢ 大多数粉尘可以在源头通过排风或通风设施予以清除，残留的粉尘需每天进行清除，要经常进行更多的、必要的清洁工作，主要包括墙壁、货架和其他粉尘易于沉积的区域。

➢ 窗户、墙壁和灯具上的粉尘会明显地降低厂房内的照明。

➢ 不要用扫帚打扫或吹扫粉尘。用扫帚打扫或吹扫会使工作台和设备上的粉尘扬起，造成危害。

➢ 控制粉尘有效的方法包括使用真空吸尘器和水雾清洁。粉尘在潮湿状态下容易被扫帚或水压清除。

➢ 固体颗粒物料在运输、转卸以及储存等过程中应采取防止扬尘的措施。

➢ 通风和除尘设备经常会因为磨损、腐蚀以及漏气或堵塞，致使效率急剧下降，甚至造成事故。为了使通风系统长期保持良好状态，必须定期或不定期地对通风和除尘器及附属设备进行检查和维护，以延长设备的使用寿命，并保证其运行的稳定性和可靠性。

➢ 宜采取简便的方法经常检查通风设施的效果。

➢ "5S"是整理（seiri）、整顿（seiton）、清扫（seiso）、清洁（seiketsu）和素养（shitsuke）这5个词的缩写。

（1）整理：把要与不要的人、事、物分开，再将不需要的人、事以及物加以处理；

（2）整顿：把需要的人、事以及物加以定量、定位；

（3）清扫：把工作场所打扫干净，设备异常时马上修理，使之恢复正常；

（4）清洁：整理、整顿以及清扫之后要认真维护，使现场保持完美和最佳状态；

（5）素养：努力提高劳动者的职业安全健康文化意识，养成严格遵守规章制度的习惯和作风。

要点谨记

应当定期对作业现场进行清理整顿，并对防护设施进行维护。

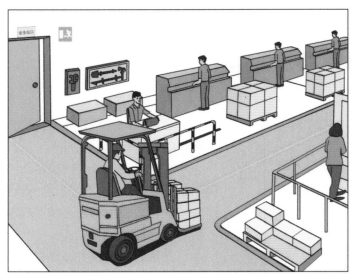

图1 将工作区与运输通道画线分隔，并保持运输通道畅通无阻

图8e 将所有不需要的物件移走后的车间地面。所有工具和零件都储放在货架上

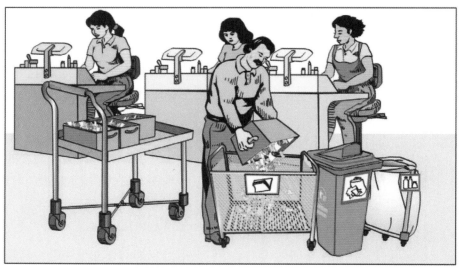

图17 提供放置方便、容易清空的废物箱

图 4.39 良好的作业现场管理

图片资料来源：引自 ILO-IEA- 工效学工具包，图1、图 8e、图 17

（IEA，国际工效学学会）

图 4.40 良好的作业管理，将良好的保洁和维护责任到人
（图片由张敏提供）

图 4.42 蓄电池生产企业铅尘回收桶，不造成二次污染
（良好实践）
（图片由张敏提供）

4

图 4.41 良好的作业管理，将良好的保洁和维护责任到人
（图片由张敏提供）

检查要点 20

为劳动者提供适宜的个人防护用品，并确保正确使用和良好维护

原因简析

个人防护用品包含个人职业病防护用品、安全防护用品。指劳动者在劳动过程中为防御物理、化学、生物等有害因素伤害而穿戴和配备以及涂抹、使用的各种物品的总称，是职业病防治的最后一道防线。在那些受到局限的、缺乏可行性的工程或管理控制情况下，应为劳动者提供适宜的个人防护用品，确保安全有效，正确使用和良好维护。粉尘的个人防护以呼吸防护为主，同时也应注意眼部及皮肤防护。

风险/表现识别

◆ 错误选用、不正确佩戴、不适宜地存放和维护个人防护用品不能达到预期防护效果，导致粉尘过量接触，造成健康损害。

改进方法

1. 查看资料，听取建议，确定采用的个人防护用品是否满足需要，劳动者是否正确使用，管理是否满足要求，是否还可加以改善。

2. 检查的主要内容包括：

（1）辨识、评估哪些作业地点需要配备个体防护用品；

（2）提供安全有效的个人防护用品；

（3）对工作场所要求佩戴个人防护用品的工作地点应有清晰标识；

（4）通过合适的说明书、适合性检验和培训，确保正确使用个人防护用品；

（5）确保在需要的工作地点每位劳动者都使用个人防护用品；

（6）确保个人防护用品为劳动者所接受，并保持清洁和良好维护；

（7）建立科学、合理、有效的更换周期；

（8）为个人防护用品提供适宜的存放处。

更多提示

➤ 为劳动者提供的防护用品应符合国家标准或行业标准，有效预防职业病，取得国家相关认证；

➤ 选择呼吸防护用品遵循以下原则：

（1）根据作业场所颗粒物浓度水平选择适宜的呼吸器：浓度超标 10 倍以下，半面型呼吸器（如随弃式防颗粒物口罩、半面罩配防颗粒物滤棉）；浓度超标 10 ~ 100 倍，全面罩配防颗粒物滤棉；浓度超标 100 倍以上，正压动力送风过滤式呼吸器；

（2）对工作现场颗粒物是油性还是非油性要有所区分：非油性颗粒物使用 KN 类过滤元件、油性颗粒物选择 KP 类过滤元件；

（3）对游离二氧化硅含量高、有毒粉尘、有致癌性、变应原性等颗粒物应选择滤材过滤效率高的呼吸防护用品并加强皮肤防护；

（4）爆炸性粉尘场所要考虑防护服、安全鞋的防静电性能；如使用正压动力送风呼吸器要考虑防爆性能。

➤ 在选择呼吸性防护用品时，考虑劳动者的健康状况，所选择的呼吸器类型、持续佩戴时间、工作强度、其他因素（例如，高温、低温、湿度和使用其他 PPE 等）和劳动者的整体健康相匹配。

要点谨记

在工作中按规定正确使用个人防护用品可减少劳动者的职业健康损害风险。不正确地配备和使用个人防护用品可能给劳动者错误的安全感，反而增加职业健康损害风险。

图101a. 确保所选择的个人防护用品具有足够的保护作用

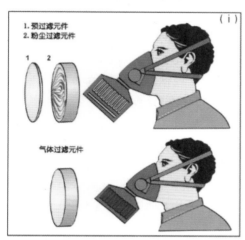

图102a.（i）和（ii）显示了三种有过滤元件的半面罩呼吸防护罩类型

左上：防护空气中的颗粒物，如石英尘。

左下：防护气体和烟雾，如使用含有有机溶剂的油漆时。此种过滤元件中含有活性炭。

上面：可用于防护粉尘和气体的组合过滤元件。这些面具是最简单有效的呼吸保护器。当开始感到呼吸困难或开始闻到气味时，就应更换过滤元件。要经常更换过滤元件。

图102b. 对所有需要佩戴呼吸防护器的劳动者，都应定期培训如何使用、护理和维护

图 4.43　配备适宜的个人防护用品，并做好维护，确保有效

图片来源：引自 ILO-IEA- 工效学检查，图 101a、102a、102b

检查要点 21

配置适宜的辅助用室与卫生设施

原因简析

疲劳和疾病是影响高效率工作的因素，应按法规和标准的规定提供必要的设施以缓解劳动者的疲劳，保护劳动者的健康。这些设施一定要品质优良，否则，不仅不能防治疾病，反而更易传播疾病。

风险 / 表现识别

◆ 疲劳。

◆ 罹患疾病。

◆ 缺勤。

◆ 降低士气，增加离职率。

◆ 将污染带出工作场所之外导致疾病传播。

改进方法

1. 提供安全、健康的饮用水。

2. 提供用于清洗的卫生设施。

3. 配置基本职业卫生服务点，在作业现场提供基本的急救箱和说明书。

4. 提供良好的休息地点，不受有害因素的影响；确保休息时间，包括保障短暂的工间休息和不超时劳动。

5. 提供适宜的工作服、储物柜、更 / 存衣室和盥洗设施。

6. 提供健康、安全的就餐地点，有条件的可提供食堂。

7. 提供交通设施和锻炼娱乐设施。

更多提示

➢ 用人单位应根据生产特点、实际需要和使用方便的原则，设置生产卫生用室（浴室、更 / 存衣室、盥洗室、洗衣房），生活用室（休息室、食堂、厕所），妇幼卫生用室，卫生医疗机构。

➢ 辅助用室的位置，应避免有害物质、病原体、高温等有害因素的影响。建筑物内部构造应易于清扫，卫生设备应便于使用。

➢ 浴室、盥洗室、厕所的设计计算人数，一般按最大班劳动者总数的 93% 计算。更 / 存衣室的设计计算人数，应按车间在册劳动者总数计算。

➢ 浴室、更 / 存衣室、盥洗室的设置，应根据车间的卫生特征分级确定，其分级应符合规定。

➢ 饮用水：对各类工作，特别是高温环境，饮用水非常重要。劳动者在每个工作班期间很容易失水，如果不提供饮水设施，劳动者就会感到口渴并慢慢脱水，导致疲劳加剧，降低生产效率。饮用水设施要靠近工作场所，不能放置于洗手间或卫生间内，也不能放置于危险设备附近以及可能受到粉尘、化学品或其他物质污染处。应给每位劳动者提供自用饮水杯，并方便定期清洗。饮水设施应由专人清洗和必要维护。对于铅尘等有毒粉尘，饮水设施及相关操作规程更加重要。比如接触铅烟尘的劳动者，要求在喝水进食前要洗手、洗脸、漱口后才可。

➢ 卫生设施：在使用化学品或其他危险物质如矽尘、石棉、重金属的地方，要保持工作场所和个人卫生，防止有害物质经皮吸收、误食或者被劳动者带回家，保障劳动者饭前便后洗手。按照男女比例设置数量充足、便利的盥洗室。

➢ 初级卫生保健：可在工作地点提供医疗设施如医务室，除提供一般卫生服务外，还可处理一些工伤。如果企业太小，不能设立卫生室，那么几家企业可以联合创办一个卫生室，如果做不到，还可以：利用当地医院或诊所为劳动者提供治疗；安排医生或护士定期巡视；发放津贴或预支工资帮助劳动者支付医疗费用；为劳动者进行健康保险，或者通过支付部分保险费鼓励劳动者参加保险。

➢ 落实女性劳动者特殊劳动措施，促进性别平等。

要点谨记

应按法规和标准的规定提供必要的设施以缓解劳

动者的疲劳，保护劳动者的健康。

用人单位应根据车间的卫生特征设置浴室、更/存衣室、盥洗室。车间卫生特征分级表和对应的措施如表 4.2 和表 4.3 所示。

表 4.2　车间卫生特征分级

卫生特征	1 级	2 级	3 级	4 级
有毒物质	易经皮肤吸收引起中毒的剧毒物质（如有机磷农药、三硝基甲苯、四乙基铅等）	易经皮肤吸收或有恶臭的物质，或高毒物质（如丙烯腈、吡啶、苯酚等）	其他毒物	不接触有害物质或粉尘，不污染或轻度污染身体(如仪表、金属冷加工、机械加工等)
粉尘		严重污染全身或对皮肤有刺激的粉尘（如炭黑、玻璃棉等）	一般粉尘（棉尘）	
其他	处理传染性材料、动物原料（如皮毛等）	高温作业、井下作业	体力劳动强度Ⅲ级或Ⅳ级	

注：虽易经皮肤吸收，但易挥发的有毒物质（如苯等）可按 3 级确定。

表 4.3　不同车间卫生特征对应的设施要求

车间卫生特征分级	浴室	更 / 存衣室	盥洗设施*
1 级	车间应设浴室；每个淋浴器设计使用人数不超过 3 人；男、女浴室均不得设浴池	更 / 存衣室应分便服室和工作服室。工作服室应有良好的通风	每个水龙头的使用人数 20 ～ 30 人
2 级	车间应设浴室；每个淋浴器设计使用人数不超过 6 人；男、女浴室均不得设浴池	更 / 存衣室，便服室、工作服室可按照同室分柜存放的原则设计，以避免工作服污染便服	每个水龙头的使用人数 20 ～ 30 人
3 级	在车间附近或厂区设置集中浴室；每个淋浴器设计使用人数不超过 9 人；女浴室不得设浴池	更 / 存衣室，便服室、工作服室可按照同柜分层存放的原则设计。更衣室与休息室可合并设置	每个水龙头的使用人数 31 ～ 40 人
4 级	可在厂区或居住区设置集中浴室；每个淋浴器设计使用人数不超过 12 人；女浴室不得设浴池	更 / 存衣柜可设在休息室内或车间内适当地点	每个水龙头的使用人数 31 ～ 40 人

* 接触油污的车间应供给热水。

资料来源：表 4.2 和表 4.3 引自 GBZ1—2010。

第五章
工作场所防治粉尘危害的管理措施检查要点

本章包括检查要点 22 ～ 28。

主要内容为制定应急预案，做好应急救援准备；提高劳动者个人健康意识，养成健康行为；对粉尘作业人员进行职业健康监护；妥善安排疑似职业病患者进行职业病诊断与鉴定；落实职业病患者权益保障；制定工作场所粉尘监测与评价制度，及时发现职业健康风险隐患；建立规范的职业卫生档案并定期更新。

检查要点 22

制定应急预案，做好应急救援准备

原因简析

任何时候都可能发生紧急情况。良好的应急预案能将潜在发生紧急情况的后果减到最轻，甚至能预防严重事故的发生。

风险／表现识别

◆ 粉尘作业可能导致的应急情况包括：有急性毒性、腐蚀性、变应原性、致癌性、含致病性病原体等种类的粉尘的泄露，爆炸性事故，在密闭空间操作的缺氧，具有吞没风险（如流沙、在谷仓操作时）。应急准备和应急救援要针对这些特点加以考虑。

改进方法

1. 查看资料，听取建议，确定应急预案是否满足需要，应急准备是否周全，是否开展了应急演练，是否还可加以改善。

2. 检查的主要内容包括：

（1）为了做好应急准备，所有相关人员都应预先知道紧急情况发生时该如何做，制定应急预案对任何企业都必不可缺少。

（2）在任何紧急情况下都有优先行动。当突然面对紧急情况时，很难记起优先行动，因此需要针对应急行动预案，进行应急演练，反复训练这些要优先采取的行动。

（3）通过小组讨论，合理推测隐患的性质，并识别各类紧急情况下应采取的行动。预测有急性毒性、腐蚀性、变应原性、致癌性、含致病性病原体等种类的粉尘的泄漏，爆炸性事故，在密闭空间操作的缺氧，具有吞没风险（如流沙、在谷仓操作时），机器和车辆所导致的伤害及其他潜在的例如坠落或物体打击引起的严重事故等的发生可能性及其后果，是非常重要的。

（4）应通过小组工作讨论，确定各种紧急情况中应采取的优先行动，包括应急操作、关闭工序、向外界呼救、急救和疏散方法。监管人员、劳动者及安全卫生专业人员都应参加讨论。

（5）确保所有相关人员知道应急行动计划和疏散步骤，反复培训可能从事应急操作和急救的人员，并进行疏散演练。

（6）确保将应急行动所必需的电话号码表清晰粘贴，及时更新，并证实所有劳动者都知道电话号码的张贴位置，还要确保所有现场急救设施（例如应急处理设施、急救箱、运输工具以及个人防护用品等）及灭火器清晰标识，并易获得。

3. 急救箱和说明书：每个企业都要准备急救箱，并保证在所有的工作时间至少有一位知道如何应急的人员在场；急救箱应有醒目标识，应便于应急时存取，其存放地点与工作场所之间的距离不能超过100m，在理想情况下，急救箱的放置在洗手池附近，并确保照明良好；定期检查急救箱中的药品并及时更换。典型的急救包应放置在防尘、防水的箱中，应包括：消毒绷带、压力绷带、包扎带、悬带。急救箱的内容物应包括：急救包、消毒棉签、洗眼杯、洗眼瓶、配置好的杀菌液和杀菌膏、可直接使用的非处方药和急救处理的说明书。急救需要培训。让所有劳动者知晓发生事故时如何得到医疗救治。

更多提示

➢ 制定应急预案并确保全员都知道应急行动的负责人。

➢ 当生产过程、所使用的设备和原材料发生重大变化时，确保将这些变化纳入到应急救援计划中。

➢ 应将可能影响企业周围环境的风险评估纳入应急救援计划中。

➢ 定期应急救援演练，并明确应急演练周期。

➤ 发生职业病事故时，用人单位可根据情况采取以下紧急措施：

（1）停止导致事故的作业，控制事故现场，防止事态扩大，把事故危害降到最低；

（2）疏通应急撤离通道，撤离作业人员，组织排险；

（3）保护事故现场，保留导致事故危害的材料、设备和工具等；

（4）对遭受或者可能遭受急性职业病危害的劳动者，及时组织救治、进行健康检查和医学观察；

（5）按照规定进行事故报告；

（6）配合行政监督检查部门进行调查，按照职业卫生行政部门的要求如实提供事故发生情况、有关材料和样品；

（7）落实保障劳动者健康的其他要求。

要点谨记

工作场所的每位劳动者都应确切知道在紧急情况下该如何去做，良好的应急预案能预防严重事故的发生。

图 5.1　劳动者参与应急救援预案制定

图片来源：引自 ILO-IEA- 工效学检查要点，图 131

检查要点 23

提高劳动者个人健康意识，养成健康行为

原因简析

加强劳动者的宣传教育和培训，促使其职业防护意识的提升，养成良好的操作习惯和健康行为，有助于劳动者主动参与粉尘防护。

风险 / 表现识别

◆ 不良的健康习惯和生活方式可以加重粉尘导致的健康损害并引起其他职业相关疾病（如吸烟加剧肺部疾患并导致肺癌等疾病）。

改进方法

1. 查看资料，听取建议，确定采用的个人防护用品是否满足需要，劳动者是否正确使用，管理是否满足要求，是否还可加以改善。

2. 培训劳动者职业病防治相关知识；培训劳动者遵守规章制度，掌握相关操作规程。

3. 与劳动者一起协商改进工作的方法。

（1）组织工作小组讨论如何改进工作，讨论中应包括如何提高工作责任感的方法，以同时有利于企业和劳动者的发展；

（2）将工作组织及工作内容的讨论纳入到改进工作和职业发展的培训课程中。

4. 培训要有计划，有记录，并对培训效果进行评价。定期对培训效果进行检查。检查的主要内容包括：

（1）是否对各类应培训人员都进行了培训，包括管理人员、作业人员、专业技术人员、辅助人员等；

（2）是否在上岗前、定期、换（转）岗时分别进行了培训；

（3）培训方式是否适宜，包括培训班、班组会、宣传栏、典型事故分析会、合同告知、网络、报纸、电视和广播等；

（4）培训内容是否全面，是否与劳动者的岗位相匹配。包括：

——职业病防治的相关法律知识；

——尘肺病（矽肺、石棉肺、煤工尘肺、铸工尘肺、电焊工尘肺等）、职业性肺癌、职业性铅中毒、职业性铍病、职业性锰中毒、呼吸性肺泡炎、职业性哮喘、职业性皮肤病、慢性阻塞性肺疾病、矽肺结核、粉尘沉着症、硬金属肺病等职业病防治知识中与劳动者岗位相关的内容；

——粉尘等职业性有害因素的特性及其可能造成的健康影响与预防控制措施。

更多提示

➢ 提供卫生设施，保障劳动者个人卫生。

➢ 督促劳动者不在粉尘作业场所吸烟、吃饭、喝水等。吸烟者应尽量戒烟。

➢ 督促劳动者不将粉尘污染的呼吸器、工作服等带出作业场所，以免造成二次污染。

➢ 组织劳动者经常开展体育锻炼，加强营养，增强个人体质。

➢ 开展同伴教育，建立良好的沟通机制，互学互助。

➢ 使用范例（图片、视频和演示等多媒体形式）便于其他人学习。

➢ 在工作场所为劳动者提供易于交流和提供支持的机会。

要点谨记

提高劳动者个人健康意识，掌握职业病防治相关知识，养成健康行为。

图106a　为劳动者提供发表意见和建议的机会，讨论改进每个工作场所的方法

图111a　培训劳动者承担更有责任感和更安全的工作

图112a　培训劳动者正确并安全地使用机械

图 5.2　为劳动者提供发表意见的机会，培训劳动者掌握安全操作规程

图片来源：引自 ILO-IEA- 工效学检查要点，图 106a、111a、112a

检查要点 24

对粉尘作业人员进行职业健康监护

原因简析

职业健康监护是对职业人群进行各种健康检查，了解并掌握其健康状况，早期发现劳动者健康损害征象的一种健康监控方法和过程。

风险 / 表现识别

◆ 粉尘作业劳动者健康的损害要早期监测，如果不能按规范的要求对粉尘作业劳动者开展健康监护就难以早期发现健康损害，难以早期诊断职业病患者并进行早期干预，可能导致发生严重的职业病。

改进方法

查看资料，听取建议，确定是否按法规要求组织开展职业健康检查，包括上岗前、在岗期间（定期）、离岗时和应急的健康检查，是否建立职业健康档案并长期保存，是否还可以加以改善。

更多提示

➤ 用人单位应当组织劳动者进行职业健康检查，并承担职业健康检查费用。劳动者接受职业健康检查应当视同正常出勤。

➤ 职业健康检查应当由取得《医疗机构执业许可证》的医疗卫生机构承担。用人单位应当按照《职业健康监护技术规范》（GBZ188）等国家职业卫生标准的规定和要求，确定接触职业病危害的劳动者的检查项目和检查周期。需要复查的，应当根据复查要求增加相应的检查项目。

➤ 矽尘、煤尘、石棉等粉尘脱离还应追踪观察。

➤ 用人单位应当确保参加职业健康检查的劳动者身份的真实性。

➤ 用人单位在开展职业健康检查时，应当如实向职业健康检查机构提供如下所需的文件、资料：

（1）用人单位的基本情况；

（2）工作场所粉尘种类、性质及其接触人员名册；

（3）工作场所粉尘定期检测、评价结果等。

➤ 用人单位应当对拟从事接触粉尘作业的新录用劳动者，包括转岗到该作业岗位的劳动者进行上岗前的职业健康检查。定期安排粉尘作业人员进行在岗期间的职业健康检查。

➤ 用人单位不得安排未经上岗前职业健康检查的劳动者从事粉尘作业，不得安排有职业禁忌的劳动者从事其所禁忌的作业。

➤ 用人单位不得安排未成年工从事粉尘作业，不得安排孕期、哺乳期的女性劳动者从事对本人和胎儿、婴儿有危害的作业。

➤ 对准备脱离所从事的职业病危害作业或者岗位的劳动者，用人单位应当在劳动者离岗前30日内组织劳动者进行离岗时的职业健康检查。劳动者离岗前90日内的在岗期间的职业健康检查可以视为离岗时的职业健康检查。用人单位对未进行离岗时职业健康检查的劳动者，不得解除或者终止与其订立的劳动合同。

➤ 用人单位应当及时将职业健康检查结果及职业健康检查机构的建议以书面形式如实告知劳动者。

➤ 用人单位应当根据职业健康检查报告，采取下列措施：

（1）对有职业禁忌的劳动者，调离或者暂时脱离原工作岗位；

（2）对健康损害可能与所从事的职业相关的劳动者，进行妥善安置；

（3）对需要复查的劳动者，按照职业健康检查机构要求的时间安排复查和医学观察；

（4）对疑似职业病病人，按照职业健康检查机构的建议安排其进行医学观察或者职业病诊断；

（5）对存在职业病危害的岗位，立即改善劳动条件，完善职业病防护设施，为劳动者配备符合国家标准的职业病个人防护用品。

➢ 职业健康监护中出现新发生尘肺病或者两例以上疑似尘肺病等职业病的，用人单位应当及时向职业卫生监督管理部门报告。

➢ 用人单位应当为劳动者个人建立职业健康监护档案，并按照有关规定妥善保存。职业健康监护档案包括下列内容：

（1）劳动者姓名、性别、年龄、籍贯、婚姻、文化程度，以及嗜好等情况；

（2）劳动者职业史、既往病史和职业病危害接触史；

（3）历次职业健康检查结果及处理情况；

（4）职业病诊疗资料；

（5）需要存入职业健康监护档案的其他有关资料。

➢ 职业卫生监督执法人员、劳动者或者其近亲属、劳动者委托的代理人有权查阅、复印劳动者的职业健康监护档案。

➢ 劳动者离开用人单位时，有权索取本人职业健康监护档案复印件，用人单位应当如实、无偿提供，并在所提供的复印件上签章。

➢ 用人单位发生分立、合并、解散、破产等情形时，应当对劳动者进行职业健康检查，并依照国家有关规定妥善安置职业病病人；其职业健康监护档案应当依照国家有关规定实施移交保管。

要点谨记

职业健康监护是指以预防为目的，对接触职业病危害因素人员的健康状况进行系统的检查和分析，从而发现早期健康损害的重要措施。

5

表 5.1　工作场所粉尘危害职业健康监护项目表

职业性有害因素	上岗前	在岗期间	职业禁忌证
矽尘	检查内容： a）症状询问：重点询问呼吸系统、心血管系统疾病史、吸烟史及咳嗽、咳痰、喘息、胸痛、呼吸困难、气短等症状 b）体格检查：内科常规检查，重点检查呼吸系统、心血管系统 c）实验室和其他检查： 必检项目：血常规、尿常规、肝功能、心电图、后前位 X 射线高千伏胸片或数字化摄影胸片（DR 胸片）、肺功能	检查内容： a）症状询问：重点询问咳嗽、咳痰、胸痛、呼吸困难，也可有喘息、咯血等症状 b）体格检查：内科常规检查，重点检查呼吸系统和心血管系统 c）实验室和其他检查： 1）必检项目：后前位 X 射线高千伏胸片或数字化摄影胸片（DR 胸片）、心电图、肺功能 2）复检项目：后前位胸片异常者可选择胸部 CT 健康检查周期： a）生产性粉尘作业分级 I 级，2 年 1 次；生产性粉尘作业分级 II 级及以上，1 年 1 次 b）X 射线胸片表现有尘肺样小阴影改变的基础上，至少有 2 个肺区小阴影的密集度达到 0/1，或有 1 个肺区小阴影密集度到达 1 级，每年检查 1 次，连续观察 5 年，若 5 年内不能确诊为矽肺患者，按 a）执行	a）活动性肺结核病 b）慢性阻塞性肺疾病 c）慢性间质性肺疾病 d）伴肺功能损害的疾病
石棉	检查内容： a）症状询问：重点询问呼吸系统、心血管系统疾病史、吸烟史及咳嗽、咳痰、喘息、胸痛、呼吸困难、气短等症状 b）体格检查：内科常规检查，重点检查呼吸系统、心血管系统 c）实验室和其他检查： 必检项目：血常规、尿常规、肝功能、心电图、后前位 X 射线高千伏胸片或数字化摄影胸片（DR 胸片）、肺功能	检查内容： a）症状询问：重点询问咳嗽、咳痰、胸痛、呼吸困难，也可有喘息、咯血等症状 b）体格检查：内科常规检查，重点检查呼吸系统和心血管系统 c）实验室和其他检查： 1）必检项目：后前位 X 射线高千伏胸片或数字化摄影胸片（DR 胸片）、心电图、肺功能 2）复检项目：后前位胸片异常者可选择侧位 X 射线高千伏胸片、胸部 CT、肺弥散功能 健康检查周期： a）生产性粉尘作业分级 I 级，2 年 1 次；生产性粉尘作业分级 II 级及以上，1 年 1 次 b）X 射线胸片表现有尘肺样小阴影改变的基础上，至少有 2 个肺区小阴影的密集度达到 0/1，或有 1 个肺区小阴影密集度到达 1 级，每年检查 1 次，连续观察 5 年，若 5 年内不能确诊为石棉肺患者，按 a）执行	a）活动性肺结核病 b）慢性阻塞性肺疾病 c）慢性间质性肺疾病 d）伴肺功能损害的疾病

续表

职业性有害因素	上岗前	在岗期间	职业禁忌证
煤尘	检查内容： a）症状询问：重点询问呼吸系统、心血管系统疾病史、吸烟史及咳嗽、咳痰、喘息、胸痛、呼吸困难、气短等症状 b）体格检查：内科常规检查，重点是呼吸系统、心血管系统 c）实验室和其他检查： 必检项目：血常规、尿常规、肝功能、心电图、后前位 X 射线高千伏胸片或数字化摄影胸片（DR 胸片）、肺功能	检查内容： a）症状询问：重点询问咳嗽、咳痰、胸痛、呼吸困难，也可有喘息、咯血等症状 b）体格检查：内科常规检查，重点是呼吸系统和心血管系统 c）实验室和其他检查： 1）必检项目：后前位 X 射线高千伏胸片或数字化摄影胸片（DR 胸片）、心电图、肺功能 2）复检项目：后前位胸片异常者可选择胸部 CT 健康检查周期： a）生产性粉尘作业分级 I 级，3 年 1 次；生产性粉尘作业分级 II 级及以上，2 年 1 次 b）X 射线胸片表现有尘肺样小阴影改变的基础上，至少有 2 个肺区小阴影的密集度达到 0/1，或有 1 个肺区小阴影密集度到达 1 级，每年检查 1 次，连续观察 5 年，若 5 年内不能确诊为煤工尘肺患者，按 a）执行	a）活动性肺结核病 b）慢性阻塞性肺疾病 c）慢性间质性肺疾病 d）伴肺功能损害的疾病
铍（化学因素）	检查内容： a）症状询问：重点询问呼吸系统、心血管系统病史及症状，过敏性疾病史和皮肤病史 b）体格检查： 1）内科常规检查 2）皮肤科常规检查 c）实验室和其他检查： 必检项目：血常规、尿常规、肝功能、心电图、胸部 X 射线摄片、肺功能	检查内容： a）症状询问：重点询问胸闷、气急、咳嗽、咳痰、胸痛等呼吸系统症状 b）体格检查： 1）内科常规检查 2）皮肤科常规检查 c）实验室和其他检查： 必检项目：血常规、尿常规、肝功能、心电图、肺功能、胸部 X 射线摄片 健康检查周期：1 年	a）活动性肺结核 b）慢性阻塞性肺疾病 c）支气管哮喘 d）慢性间质性肺疾病 e）慢性皮肤溃疡
铁、锡粉尘	检查内容： a）症状询问：重点询问呼吸系统疾病史、吸烟史及咳嗽、胸闷等症状 b）体格检查：内科常规检查，重点检查呼吸系统 c）实验室和其他检查： 必检项目：血常规、尿常规、肝功能、心电图、胸部 X 射线摄片、肺功能	检查内容： a）症状询问：重点询问咳嗽、胸闷等症状 b）体格检查：内科常规检查，重点检查呼吸系统 c）实验室和其他检查： 1）必检项目：胸部 X 射线摄片、肺功能 2）复检项目：胸部胸片异常者可选择胸部 CT 健康检查周期：2 年	a）活动性肺结核病 b）慢性阻塞性肺疾病 c）慢性间质性肺疾病 d）伴肺功能损害的疾病

5

职业性有害因素	上岗前	在岗期间	职业禁忌证
铝尘、水泥粉尘	检查内容： a）症状询问：重点询问呼吸系统、心血管系统疾病史、吸烟史及咳嗽、咳痰、喘息、胸痛、呼吸困难、气短等症状 b）体格检查：内科常规检查，重点检查呼吸系统、心血管系统 c）实验室和其他检查： 必检项目：血常规、尿常规、肝功能、心电图、后前位 X 射线高千伏胸片或数字化摄影胸片（DR 胸片）、肺功能	检查内容： a）症状询问：重点询问咳嗽、咳痰、胸痛、呼吸困难，也可有喘息、咯血等症状 b）体格检查：内科常规检查，重点检查呼吸系统和心血管系统 c）实验室和其他检查： 　1）必检项目：后前位 X 射线高千伏胸片或数字化摄影胸片（DR 胸片）、心电图、肺功能 　2）复检项目：后前位胸片异常者可选择胸部 CT 健康检查周期： a）生产性粉尘作业分级 I 级，4 年 1 次；生产性粉尘作业分级 II 级及以上，2～3 年 1 次 b）X 射线胸片表现有尘肺样小阴影改变的基础上，至少有 2 个肺区小阴影的密集度达到 0/1，或有 1 个肺区小阴影密集度到达 1 级，每年检查 1 次，连续观察 5 年，若 5 年内不能确诊为尘肺患者，按 a）执行	a）活动性肺结核病 b）慢性阻塞性肺疾病 c）慢性间质性肺疾病 d）伴肺功能损害的疾病
有机粉尘（动物性粉尘、植物性粉尘）	检查内容： a）症状询问：重点询问花粉、药物等过敏史、哮喘病史、吸烟史、呼吸系统、心血管系统疾病史及有无喘息、气短、咳嗽、咳痰、呼吸困难、喷嚏、流涕等症状 b）体格检查： 　1）内科常规检查：重点检查呼吸系统 　2）鼻及咽部常规检查：重点检查有无过敏性鼻炎 c）实验室和其他检查： 必检项目：血常规、尿常规、肝功能、血嗜酸细胞计数、心电图、胸部 X 射线摄片、肺功能，有过敏史或可疑过敏体质者可选择：肺弥散功能、血清总 IgE、皮肤过敏原试验	检查内容： a）症状询问：重点询问有无反复抗原接触史，发热、无力、咳嗽、胸闷、气短、发作性喘息或性呼吸困难，体重下降等症状 b）体格检查：同 b），注意肺部湿性啰音的部位和持续性 c）实验室和其他检查： 必检项目：血常规、心电图、血嗜酸细胞计数、血清总 IgE、肺功能、胸部 X 射线摄片，有哮喘症状者可选择：肺弥散功能、抗原特异性 IgE 抗体、变应原皮肤试验、变应原支气管激发试验 健康检查周期： a）劳动者在开始工作的前两年，每半年体检 1 次，连续观察 2 年 b）在岗期间劳动者新发生过敏性鼻炎，每 3 个月体检 1 次，连续观察 1 年 c）生产性粉尘作业分级 I 级，2～3 年 1 次；生产性粉尘作业分级 II 级及以上，1 年 1 次	a）致喘物过敏和支气管哮喘 b）慢性阻塞性肺疾病 c）慢性间质性肺疾病 d）伴肺功能损害的疾病 e）伴气道高反应的过敏性鼻炎

资料来源：引自 GBZ188—2020。

检查要点 25

妥善安排疑似职业病患者进行职业病诊断与鉴定

原因简析

尘肺病、职业性肺癌、胸膜间皮瘤等粉尘所致的职业病是不可逆转的严重职业病，应当安排早期诊断，避免发生更为严重的健康损害。

职业病诊断也是落实劳动者健康权益、获得及时治疗、康复和赔偿的基础。

风险／表现识别

◆ 不能及时进行职业病诊断，会延误职业病患者的治疗康复的时机，造成更为严重的健康损害。

◆ 对引起职业病的作业环境不能及时治理，造成更多职业病患者出现，影响用人单位可持续发展。

◆ 用人单位违反法律规定，需承担相应法律责任。

改进方法

妥善安排疑似职业病患者进行职业病诊断与鉴定。

更多提示

➤ 发生以下三种情形时可要求职业病诊断：

（1）在职业健康监护过程中，发现劳动者的健康损害与所从事的粉尘作业有关；

（2）劳动者本人自己认为其健康损害可能与所从事的粉尘活动有关；

（3）发生意外泄漏导致劳动者吸入接触大量粉尘引起身体不适怀疑罹患尘肺病等职业病的。

➤ 开展职业病诊断时，应当准备如下资料：

（1）职业史、既往史；

（2）职业健康监护档案复印件；

（3）职业健康检查结果；

（4）工作场所历年粉尘监测结果、评价资料；

（5）既往诊断活动的治疗；

（6）诊断活动要求提供的其他必需的有关资料。

➤ 开展职业病鉴定时，应当准备如下资料：

（1）职业病诊断鉴定申请书；

（2）职业病诊断证明书；

（3）职业史、既往史；

（4）职业健康监护档案复印件；

（5）职业健康检查结果；

（6）工作场所历年粉尘监测结果、评价资料；

（7）其他有关资料。

➤ 用人单位应配合职业病诊断机构进行诊断，按照要求提供相关资料。

➤ 当事人对职业病诊断有异议的，在接到职业病诊断证明书后在规定的期限内，可以按照法定的程序申请职业病鉴定。

➤ 职业病鉴定开展两级鉴定。对设区的市的鉴定结论不服的，在规定的期限内，可以按照法定的程序申请再鉴定。省级鉴定为最终鉴定。

➤ 用人单位和医疗卫生机构发现职业病人或者疑似职业病病人时，应当及时向所在地卫生行政部门报告。确诊为职业病的，用人单位还应当向所在地劳动保障行政部门报告。

➤ 用人单位应当及时安排对疑似职业病人进行诊断。在疑似职业病病人诊断或者医学观察期间，不得解除或者终止与其订立的劳动合同。疑似职业病病人在诊断、医学观察期间的费用，由用人单位承担。

➤ 职业病病人依法享受国家规定的职业病待遇。

➤ 用人单位发生分立、合并、解散、破产等情形时，应当对劳动者进行职业健康检查，并依照国家有关规定妥善安置职业病病人；其职业健康监护档案应当依照国家有关规定实施移交保管。

要点谨记

妥善安排疑似职业病患者进行职业病诊断与鉴定，早期发现职业病。

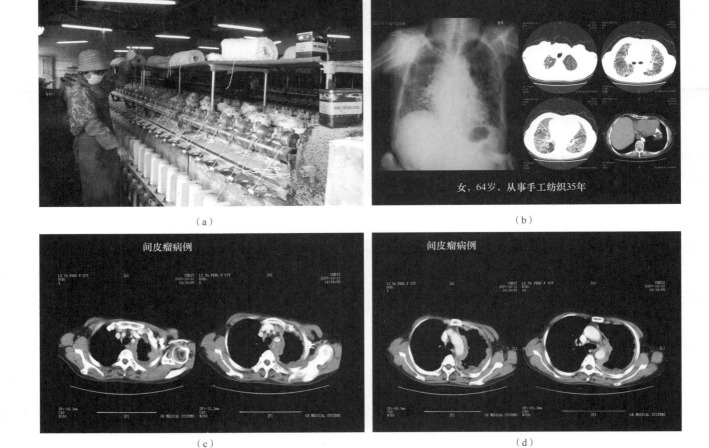

（a）

（b）

（c）

（d）

图 5.3　（a）石棉接触劳动者；（b）三期石棉肺 X 射线胸片和 CT 影像。X 射线胸片可见双肺不规则间质性阴影，两下肺野可见囊性阴影，心脏阴影不整、蓬发心。CT 影像可见两侧下肺野明显间质性阴影，小叶间隔增厚，蜂窝肺。（c）（d）为左侧全周性胸膜增厚，胸廓塌陷，造影增强，可见部分胸膜浓染。病理学检查证实上皮型间皮瘤石棉接触劳动者、石棉肺和间皮瘤的诊断

（图片由张幸提供）

检查要点 26

落实职业病患者权益保障

原因简析

罹患尘肺病等职业病患者的权益应该得到充分保障。很多劳动者是家庭收入的主要来源者，职业病不仅导致本人劳动能力下降，收入下降，无法养活自己，也影响到依赖其生活的家庭成员的权益保障，给家庭和社会带来不稳定因素，影响社会的和谐稳定。不妥善安排罹患职业病的劳动者也会影响士气和企业形象，进而影响企业的可持续发展。维护好职业病患者权益不仅要做好疾病的诊断、治疗和身体康复，也要做好心理、精神康复和职业能力的康复。

风险 / 表现识别

◆ 职业病患者疾病加重。
◆ 对劳动者心理造成负面影响。
◆ 影响用人单位士气和可持续发展。
◆ 影响家庭和谐和社会稳定。

改进方法

1. 劳动者被确诊患有职业病后，用人单位应根据职业病诊断医疗机构的意见，安排其医治或康复疗养。用人单位同时要建立相应的制度，对职业病人治疗、定期检查、康复等内容进行明确规定，责任到人。

2. 劳动者被确诊患有职业病后，在劳动者经医治或康复疗养后被认为不宜继续从事原有害作业或工作的，其用人单位应将其调离原工作岗位，另行妥善安排适合岗位；留有残疾、影响劳动能力的，应进行劳动能力鉴定，并根据其劳动能力鉴定结果安排适合其本人的工作。

更多提示

➢ 医疗卫生机构发现疑似职业病病人时，应当告知劳动者本人并及时通知用人单位。用人单位应当及时安排对疑似职业病病人进行诊断；在疑似职业病病人诊断或者医学观察期间，不得解除或者终止与其订立的劳动合同。

➢ 疑似职业病病人在诊断、医学观察期间的费用，由用人单位承担。

➢ 用人单位应当保障职业病病人依法享受国家规定的职业病待遇：安排职业病病人进行治疗、康复和定期检查。对不适宜继续从事原工作的职业病病人，应当调离原岗位，并妥善安置。对从事接触职业病危害的作业的劳动者，应当给予适当岗位津贴。

➢ 职业病病人的诊疗、康复费用，伤残以及丧失劳动能力的职业病病人的社会保障，按照国家有关工伤保险的规定执行。

➢ 职业病病人除依法享有工伤保险外，依照有关民事法律，尚有获得赔偿的权利的，有权向用人单位提出赔偿要求。

➢ 劳动者被诊断患有职业病，但用人单位没有依法参加工伤保险的，其医疗和生活保障由该用人单位承担。

➢ 职业病病人变动工作单位，其依法享有的待遇不变。

➢ 用人单位在发生分立、合并、解散、破产等情形时，应对从事接触职业病危害作业的劳动者进行健康检查，并按照国家有关规定妥善安置职业病病人。

➢ 用人单位已经不存在或者无法确认劳动关系的职业病病人，可以向地方人民政府民政部门申请医疗救助和生活等方面的救助。

➢ 地方各级人民政府应当根据本地区的实际情况，采取其他措施，使前款规定的职业病病人获得医疗救治。

要点谨记

落实职业病患者权益保障不仅是为了职业病的诊断、治疗、赔偿和康复，也应重视职业能力的康复，这是保障家庭幸福和社会稳定的核心。

5

资料卡
职业病患者应享受的工伤保险待遇

◎ 用人单位必须依法为劳动者缴纳工伤社会保险。

◎ 职业病患者应依法享有获得治疗、康复和定期检查的待遇。

◎ 不适宜继续从事原工作的职业病病人，应当被调离原岗位，并被妥善安置。

◎ 劳动者被诊断患有职业病，但用人单位没有依法参加工伤社会保险的，其医疗和生活保障由最后的用人单位承担；最后的用人单位有证据证明该职业病是先前用人单位的职业病危害造成的，由先前的用人单位承担。

◎ 职业病病人变动工作单位，其依法享有的待遇不变。用人单位发生分立、合并、解放、破产等情形的，应当对从事接触职业能的作业的劳动者进行健康检查，并按国家有关规定妥善安置职业病人。

◎ 根据《使用有毒物品作业场所劳动保护条例》，用人单位按照国家规定参加工伤保险的，患职业病的劳动者有权按照国家有关工伤保险的规定，享受下列工伤保险待遇。

◆ 医疗费：因患职业病进行诊疗所需费用，由工伤保险基金按规定标准支付。

◆ 住院伙食补助费：由用人单位按当地因公出差伙食标准的一定比例支付。

◆ 康复费：由工伤保险基金按规定标准支付。

◆ 残疾用具费：因残疾需要配置辅助器具的，所需费用由工伤保险基金按普及型辅助器具标准支付。

◆ 停工留薪期待遇：原工资、福利待遇不变，由用人单位支付。

◆ 生活护理补助费：经评残并确认需要生活护理的，生活护理补助费由工伤保险基金按规定标准支付。

◆ 一次性伤残补助金：经鉴定为十级至一级伤残的，按照伤残等级享受相当于 6 个月至 24 个月的本人工资的一次性伤残补助金，由工伤保险基金支付。

◆ 伤残津贴：经鉴定为四级至一级伤残的，按照规定享受相当于本人工资 75% ～ 90% 的伤残津贴，由工伤保险基金支付。

◆ 死亡补助金：因职业中毒死亡的，由工伤保险基金按照不低于 48 个月的统筹地区上年度职工月平均工资的标准一次支付。

◆ 丧葬补助金：因职业中毒死亡的，由工伤保险基金按照 6 个月的统筹地区上年度职工月平均工资的标准一次支付。

◆ 供养亲属抚恤金：因职业中毒死亡的，对由死者生前提供主要生活来源的亲属由工伤保险基金支付抚恤金，对其配偶每月按照统筹地区上年度职工月平均工资的 40% 发给，对其生前供养的直系亲属每人每月按照统筹地区上年度职工月平均工资的 30% 发给。

◆ 国家规定的其他工伤保险待遇。

图 5.4　职业病患者应享受的工伤保险待遇
资料来源：《工伤保险条例》《职业病防治法》和《使用有毒物品作业场所劳动保护条例》

检查要点 27

制定工作场所粉尘监测与评价制度，及时发现职业健康风险隐患

原因简析

职业病危害因素定期检测可以帮助工厂全面了解工作场所职业病危害因素的分布与浓（强）度，及时发现隐患并采取控制防护措施，保护劳动者健康；为职业病危害因素申报提供素材；为职业健康体检提供依据。

对工作场所的职业病危害因素进行经常和定期的检测，目的在于及时了解职业病有害因素的产生、扩散和变化的规律，对劳动者职业健康的影响程度及对职业病防护设施的效果进行鉴定评价。此外，可以为保护劳动者职业健康，采取相应的防护措施提供科学依据。

用人单位做好职业病危害因素检测工作，可以从源头上预防、控制和消除建设项目产生的职业病危害，从而降低职业病风险和成本，直接或间接提高企业的经济效益。

加强职业卫生管理，定期开展职业病危害因素检测，是企业社会责任的重要体现。

风险 / 表现识别

◆ 不能及时发现风险隐患。

◆ 作业场所粉尘不能及时得到控制，尘肺病发病风险增加。

改进方法

1. 定期对工作场所粉尘危害进行检测、评价。

2. 根据检测和评价结果及时对作业场所进行整改或改进。

更多提示

➢ 用人单位应当实施由专人负责的职业病危害因素日常监测，并确保监测系统处于正常运行状态。

➢ 检测评价制度应当包括检测因素、检测点的定点原则、检测周期以及经费保障等内容。

➢ 定期监测、评价应由取得资质的职业卫生技术服务机构承担。

➢ 发现工作场所职业病危害因素不符合国家职业卫生标准和卫生要求时，用人单位应当立即采取相应治理措施，仍然达不到国家职业卫生标准和卫生要求的，必须停止存在职业病危害因素的作业；职业病危害因素经治理后，符合国家职业卫生标准和卫生要求的，方可重新作业。

➢ 检测、评价结果应当存入本单位职业卫生档案，向监督管理部门报告，并告知劳动者。

要点谨记

做好职业病危害因素检测工作，可以从源头上预防、控制和消除建设项目产生的职业病危害，从而降低职业病风险和成本，直接或间接提高企业的经济效益。

5

检查要点 28

建立规范的职业卫生档案并定期更新

原因简析

用人单位职业卫生档案，是指用人单位在职业病危害防治和职业卫生管理活动中形成的，能够准确、完整反映本单位职业卫生工作全过程的文字、图纸、照片、报表、音像资料、电子文档等文件材料。

职业卫生档案是职业病防治过程的真实记录和反映，也是行政执法的重要参考依据。

建立职业卫生档案有利于用人单位系统记录所开展的职业卫生工作，积累相应资料，为提高自身职业病防治工作水平提供基础依据。

建立职业卫生档案有利于区分健康损害责任，解决用人单位和劳动者可能发生的纠纷。

建立职业卫生档案有利于用人单位加强自身职业卫生管理，提高职业病防治水平。

风险 / 表现识别

◆ 对职业病防治基本情况不了解，无法有针对性地采取防控措施。

改进方法

建立职业卫生档案，并指定专（兼）职人员负责，并对档案的借阅做出规定。

更多提示

➢ 用人单位应设立档案室或指定专门的区域存放职业卫生档案，并指定专门机构和专（兼）职人员负责管理。

➢ 职业卫生档案中某项档案材料较多或者与其他档案交叉的，可在档案中注明其保存地点。有条件的提倡使用电子档案。

➢ 用人单位应做好职业卫生档案的归档工作，按年度或建设项目进行案卷归档，及时编号登记，入库保管。

➢ 用人单位要严格职业卫生档案的日常管理，防止出现遗失。

➢ 职业卫生监管部门查阅或者复制职业卫生档案材料时，用人单位必须如实提供。

➢ 劳动者离开用人单位时，有权索取本人职业健康监护档案复印件，用人单位应如实、无偿提供，并在所提供的复印件上签章。

➢ 劳动者在申请职业病诊断、鉴定时，用人单位应如实提供职业病诊断、鉴定所需的劳动者职业病危害接触史、工作场所职业病危害因素检测结果等资料。

要点谨记

建立职业卫生档案有利于用人单位提高职业病防治水平。

资 料 卡

职业卫生档案（参考）

✓ 职业卫生管理机构和责任制档案；

✓ 职业卫生管理制度、操作规程档案；

✓ 职业病危害因素种类清单、岗位分布及作业人员接触情况档案；

✓ 职业病防护设施、应急救援设施档案；

✓ 工作场所职业病危害因素检测、评价报告与记录档案；

✓ 职业病防护用品管理档案；

✓ 职业卫生培训档案；

✓ 职业病危害事故报告与应急处置档案；

✓ 职业健康检查汇总及处置档案；

✓ 建设项目职业卫生"三同时"档案；

✓ 职业卫生安全许可证、职业病危害项目申报档案；

✓ 职业卫生监督检查及其他管理档案。

图 5.5　职业卫生档案提纲

资料来源：《劳动者职业安全卫生读本》（化学工业出版社，2005）

5

第六章
工会主要参与途径的检查要点

本章包括检查要点 29 ~ 32。

主要内容为：开展群众性劳动保护监督检查；开展民主管理、民主监督；开展平等协商，签订劳动安全卫生集体合同；引导劳动者主动参与粉尘防控。

检查要点 29
开展群众性劳动保护监督检查

原因简析

加强安全生产群众监督是我国安全生产工作格局的重要组成部分，是强化安全生产和职业健康工作的重要举措，是维护人民群众安全健康权益的重要途径。生产经营建设等各项活动与人民群众生产生活息息相关，人民群众对安全生产和职业健康状况最为关心，参与和监督安全生产和职业健康工作的愿望最为迫切。

按照《工会劳动保护监督检查员工作条例》《基层工会劳动保护监督检查委员会工作条例》《工会小组劳动保护检查员工作条例》要求，工会组织应履行劳动安全卫生监督检查职责，建立劳动保护监督检查制度，依法实行群众监督，维护职工在劳动过程中的安全与健康。

风险 / 表现识别

◆ 未建立相关工会劳动保护监督检查网络，或虽建立了网络但未按照"三个条例"的要求履行相关职责，就无法及时发现劳动者作业隐患，无法提出合理化改进建议，无法真正实现群众监督。

改进方法

1. 用人单位应按照工会劳动保护监督检查"三个条例"的要求建立工会劳动保护监督检查网络，并开展群众性劳动保护监督检查活动。

2. 工会和职工代表监督本单位贯彻执行国家职业安全健康法律法规，监督落实安全生产责任制和规章制度。对违反国家法律法规、不符合职业安全健康标准规定的问题，提出整改意见；问题严重的，送达《限期解决问题通知书》或《隐患整改建议书》；对拒不整改的，要求政府有关部门采取强制性措施。

3. 工会要监督检查新建、改建、扩建和技术改造工程项目的职业病危害防护设施与主体工程同时设计、同时施工、同时投产使用。

4. 工会要组织职业安全健康检查，组织职工代表对职业安全健康工作进行督查，推行职代会保安全和职工代表安全巡视制度。

5. 工会要推行"一法三卡"工作法，即事故隐患和职业病危害监控法、有毒有害物质信息卡、危险源点警示卡、安全检查提示卡。

6. 对事故隐患和职业危害作业点建立档案，推动运用"两书"工作制度，即《事故隐患报告书》和《事故隐患限期整改通知书》，监督整改和治理，并督促用人单位防范事故和职业危害。

7. 工会要坚决制止违章指挥、违章操作和强令冒险作业。在危及劳动者生命的工作场所，工会应组织职工采取必要的避险措施，并立即报告上级领导。在紧急情况下，要求用人单位立即从危险区内撤出作业人员。

8. 工会要宣传国家职业安全健康法律法规、政策及企事业的规章制度，提高劳动者的职业健康意识和技能。

更多提示

➤ 应避免出现以下工会劳动保护监督管理不健全的情形：

（1）用人单位严重违法违规，而工会和职工代表没有履行监督职责或监督不力；

（2）工会没有对新建、改建、扩建和技术改造和技术引进工程项目进行职业卫生"三同时"监督检查；

（3）没有对事故隐患和职业危害作业点建立档案，跟踪监督整改；

（4）建档不齐全完整的；

（5）用人单位存在严重违章指挥、违章操作和强令冒险作业，工会没有发现制止；

（6）发生危及职工生命安全的紧急情况时，在场工会劳动保护工作人员没有提出要求采取紧急措施；

（7）用人单位没有对劳动者就其代表提出的紧急情况处置措施做出及时反应；

（8）没有认真听取、研究劳动者及其代表提出的重大要求，没有改善职业安全健康工作。

➤ 实施事故隐患和职业病危害监控法的主要步骤包括：①排查；②确认；③评估；④登记建档、立卡；⑤日常管理；⑥实行动态管理。

➤《事故隐患报告书》报告与处理流程：分级报告与分级处理。

（1）职业病危害和事故隐患由工会小组劳动保护检查员或职工提出；

（2）车间工会劳动保护监督检查委员会对职工提出的职业病危害和事故隐患报告进行整理、复查、建档并报行政；

（3）车间行政对提出的职业病危害和事故隐患报告进行答复；

（4）车间行政解决不了的隐患，由车间再报至厂工会，由厂工会提交厂行政解决，必要时采用《事故隐患限期整改通知书》交厂行政，由厂领导做出答复。

要点谨记

开展群众性劳动保护监督检查是督促用人单位切实履行尘肺病防治主体责任的有效手段。建立工会劳动保护监督检查网络是工会开展劳动保护的组织保障。

资 料 卡
工会开展劳动保护监督管理的检查内容

➢ 检查工会开展群众性职业卫生监督检查活动的档案或记录；

➢ 抽查劳动者，了解企业工会和劳动保护监督检查委员会组织职工开展相关活动的情况；

➢ 检查工会劳动保护工作文件、记录，抽查劳动者了解相关工作情况；

➢ 检查工会宣教工作文件、记录，抽查劳动者了解掌握相关知识情况；

➢ 查阅用人单位职业安全健康文件和主管部门工作记录；

➢ 检查用人单位对劳动者及其代表提出的意见、建议和要求的接收处理情况；

➢ 检查用人单位基建工程、技改技措项目清单和"三同时"审查验收申请表。

图 6.1　工会劳动保护监督检查内容提要
资料来源：工会劳动保护监督管理条例

检查要点 30
开展民主管理、民主监督

原因简析

《中华人民共和国工会法》规定：维护职工合法权益是工会的基本职责。工会依照法律规定通过职工代表大会或者其他形式，组织职工参与本单位的民主决策、民主管理和民主监督。

企业民主管理是企业管理的有机组成部分。职工代表大会是企业实行民主管理的基本形式，是职工行使民主管理权利的机构。在企业实行民主管理，把有关企业经营发展和涉及职工切身利益的重要问题提交职工代表大会审议，让职工充分行使民主选举、民主决策、民主管理和民主监督权利，是保障职工群众知情权、参与权、表达权和监督权最有效、最广泛的途径。

风险 / 表现识别

◆ 职工代表大会制度具有法定的权威性、普遍的代表性、广泛的适用性、充分的公开性和明确的法律效力，是其他企业民主管理形式所不具备的。不成立职工代表大会，劳动者开展民主管理、民主监督就缺少了最基本的渠道，不利于劳动者维护自身权益，也不利于用人单位提高凝聚力，并导致劳资关系紧张。

改进方法

1. 工会要组织选举职工代表，召开职工代表大会。

2. 职业安全健康工作必须列入职工代表大会议题，要认真审议职工代表大会议程，必须列入"民主评议、厂务公开"的内容。

3. 用人单位法定代表人定期向职工代表大会所做的工作报告必须有职业安全健康内容，包括企业对落实职工职业健康体检情况和结果，职工职业病年度确诊情况、职业健康危害重要源点及整治情况、集体合同履约情况等向职代会报告，职工代表大会就批准与否进行表决。

4. 用人单位的有关职业安全健康的方针、规划、计划、重大技改技措、职工培训、预决算等重大方案要提交职工代表大会审议，并由职工代表大会做出是否批准的决议。

5. 用人单位的劳动保护措施和相关的重要规章制度要经职工代表大会审议通过。工会组织职工代表视察、督查企业职业安全健康工作情况，认真行使民主监督。

6. 职工代表就职业安全健康的问题提出质询，用人单位必须予以郑重的答复。

7. 用人单位要认真听取劳动者代表对职业安全健康工作的意见、建议和要求，积极解决职业安全健康方面存在的问题，改善劳动条件和作业环境。

更多提示

➢ 上级工会组织对用人单位民主管理、民主监督工作的检查内容：

（1）查阅职工代表大会工作规定、会议文件和"民主评议、厂务公开"有关规定；

（2）查阅用人单位法定代表人的工作报告和职代会审议决议；

（3）查阅相关文件和职代会审议决议，抽查若干职工代表和普通职工，了解职代会工作情况。

要点谨记

民主管理、民主监督是职业安全管理体系中的重要部分，是促进本单位职业健康管理规范化的有效途径。

检查要点 31

开展平等协商，签订劳动安全卫生专项集体合同

原因简析

集体合同制度是规范劳动关系双方行为的重要法律手段，能够在劳动关系领域形成一种可以不断解决利益矛盾、妥善化解利益冲突、有效促进利益平衡的调节机制。《中华人民共和国工会法》规定：工会通过平等协商和集体合同制度，协调劳动关系，维护企业职工劳动权益。通过平等协商签订劳动安全卫生专项集体合同是工会维护从事粉尘作业相关工种职工劳动权益的重要手段之一。用人单位与工会应建立职业安全健康平等协商机制，应按照"平等协商、协调一致"的原则，建立规范的工作秩序；按照平等协商例会制度和议事规则，商讨职业安全健康的重大问题，合作改善劳动条件和作业环境。

工会应依据《中华人民共和国劳动法》，"依法签订的集体合同对企业和企业全体职工具有约束力，职工个人与企业订立的劳动合同中劳动条件和劳动报酬等标准不得低于集体合同的规定"，指导劳动者根据《中华人民共和国职业病防治法》等签订劳动安全卫生专项集体合同，维护劳动者职业安全健康权益。

风险 / 表现识别

◆ 未签订劳动安全卫生专项集体合同。

◆ 签订劳动安全卫生专项集体合同流于形式，重签订、轻协商、轻履约。

◆ 专项集体合同中缺乏违约责任追究，对合同履行的监督检查不到位。

◆ 专项集体合同内容不符合有关职业病防治法律法规要求，以原则性规定为主，可操作性差，一旦发生劳动争议，难以起到维权作用。

改进方法

1. 用人单位和工会或劳动者代表应建立平等协商机制，建立规范工作程序，按规定执行例会制度和议事规则。

2. 用人单位和工会或劳动者代表应依法经过平等协商，签订职业安全卫生专项集体合同，合同文本要有控制指标和技术、防护措施的明确具体规定。

3. 扩大劳动安全卫生专项集体合同覆盖面，推动企业劳动安全卫生工作规范化、制度化。

4. 签订的集体合同文本要履行过法定批准程序，已经生效。

5. 用人单位和劳动者要遵守集体合同，履行合同条款规定责任、义务和事项。

6. 用人单位和劳动者要就合同履约情况进行检查，及时发现和纠正违约现象。

更多提示

➤ 对平等协商，签订集体合同工作进行检查的主要内容包括：

（1）查阅相关文件和协商会议记录，抽查劳动者，了解平等协商情况；

（2）向职工代表、工会干部和用人单位人员核实集体合同签订程序；

（3）查阅集体合同文本；

（4）检查职代会记录、工会工作记录、平等协商的会议纪要；

（5）抽查劳动者，了解集体合同履约情况。

要点谨记

开展平等协商，签订劳动安全卫生专项集体合同。

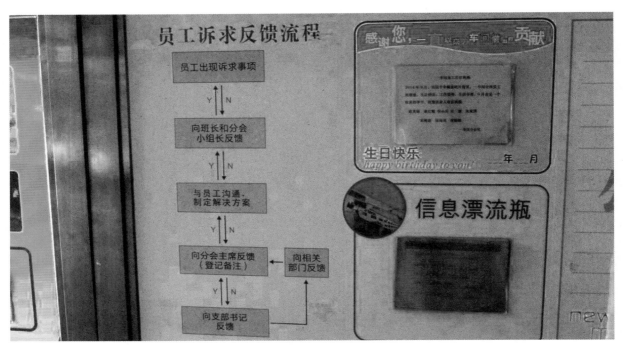

图 6.2　工厂劳动者诉求反馈流程图范例

资料来源：摄自东风锻造有限公司车间管理展板（图片由祁成提供）

检查要点 32

引导劳动者主动参与粉尘防控

原因简析

劳动者在粉尘防控中要发挥主动作用，与用人单位积极配合，掌握相关知识和技能，遵守操作规程，按要求佩戴个人防护用品，发现粉尘危害隐患及报告，发现个人有健康不适，积极要求并配合职业健康检查。积极配合和参加工会组织的相关活动。

风险 / 表现识别

◆ 同检查要点 1。

改进方法

1. 积极组织"安康杯"竞赛，包括健全的竞赛机构、规范的竞赛制度、丰富的群众性安全生产和职业病防治活动等内容。

2. 各级工会贯彻工会参与职业病防治工作模式，包括中华全国总工会及其地方工会、产业工会、大型企业工会、中小企业工会等。

3. 积极参与粉尘等职业危害隐患排查治理。

4. 发动职工围绕粉尘防控广泛开展"小发明、小创造、小革新、小设计、小建议"等职工技术创新活动。

更多提示

➢ 把推动加强职业健康监护管理、组织开展职业危害隐患排查治理、协商签订劳动安全卫生专项集体合同、职业健康教育培训等作为"安康杯"竞赛活动的重要内容。

➢ 通过开展岗位练兵、技能竞赛、技术培训以及应急演练等活动，全面提升职工控制粉尘浓度和预防尘肺病等健康损害的技术技能。

➢ 动员职工从本职岗位做起，从自身做起，深入排查粉尘浓度超标、防尘措施不到位、违章指挥、违章作业等各类隐患。

➢ 推广适合职工参与的粉尘危害防控的措施。

要点谨记

采取多种工作方式，利用多种途径，引导劳动者主动参与粉尘防控。

6

附录

粉尘控制的实践案例

案例1 资阳中车电气科技有限公司关于激光刻字改善的介绍

1. 企业背景

资阳中车电气科技有限公司是中国高铁动车组九大关键技术、十大配套产品之一的电连接器技术引进企业。公司以光电连接器及线缆总成、电气设备、机车车辆配件研制等为主营业务，产品广泛应用于"和谐号""复兴号"高速动车组、机车、城轨地铁车辆。

2. 存在的问题

公司电连接器产品组装完成后，有一道激光刻字工序，需在产品指定表面上用激光刻出产品型号、产品编号、生产日期及Logo等信息。由于产品刻字部位的表面材料有金属面、喷塑面、油漆面、阳极氧化面、塑料和橡胶面等，因此，在激光刻字过程中，会产生有毒烟气和粉尘，会对操作人员和室内其他人员的身体健康造成危害。

3. 查找隐患、督促改进

2018年11月，四川省总工会、资阳市总工会领导和专家到公司现场调研后，确定将公司电连接器生产线打造成为四川省总工会职业卫生安全防护"工具包"应用示范线。

4. 改进过程和效果

公司结合"工具包"运用，对激光刻字机加装负压烟尘处理装置进行了改造，将刻字产生的烟尘通过喇叭状的负压收集口抽吸净化后，排出室外，消除了激光刻字时产生的烟尘对室内外空气造成的污染，保护了职工身体健康。

5. 改进前后对比

改善前：采用风扇将激光刻字时产生的烟尘吹离操作区域，但烟尘会扩散污染厂房内的空气，使整个厂房都充满异味，影响职工的健康。

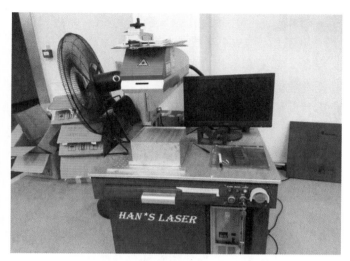

附图1 激光刻字机加作业负压除尘改造前

改善后：为激光刻字机加装负压烟尘处理装置，刻字产生的烟尘通过喇叭状的负压收集口抽吸净化后，排出室外。能有效避免产品在激光刻字时产生的烟尘对室内外空气造成污染，保护职工身体健康。

附图2 激光刻字机加作业负压除尘改造后
专家点评：通风除尘设计尚有持续改进的空间
（本案例由四川省总工会和中华全国总工会联合推荐）

案例 2 东风锻造有限公司铸造二厂粉尘作业改善措施的介绍

1. 企业背景

东风锻造有限公司铸造二厂位于十堰市，工厂是一家以生产汽车底盘零件和轿车保安件为主的铸造专业厂，是目前国内最大的现代化球墨铸铁生产厂之一，能够生产商用车、乘用车多种车型的桥壳、减速器壳、转向机壳、前后轮毂、左右差速器等 700 多种铸件，年生产能力达 90 000 吨。

2. 改进措施综述

2.1 工程控制措施（通风除尘设备）

2.1.1 工艺、技术可行性论证后，在产尘点安装除尘设备。

该工厂于 1969 年投产，设计时针对不同的工艺和设备，都配套有相应的职业卫生防护设施，并专门委托专业的通风除尘相关方，负责其日常运行及维护。全厂目前使用的除尘设备 46 台。主要产尘点包括制芯、浇注、熔炼、落砂、抛丸、打磨、筛分、皮带输送等环节，配套的除尘设备主要包括水浴除尘器、旋风除尘器、扁布袋除尘器等；随着工厂生产的产品及产能的变化和除尘系统不断老化，现场粉尘控制的效果受到较大影响，工厂从 2015 年开始，制订专项计划，分期投入一千多万元，淘汰使用寿命超标及效果不理想的除尘系统，将除尘器更新为气箱脉冲袋式除尘器，更新后的岗位粉尘达到了国家标准要求。

附表 1 东风锻造有限公司铸造二厂通风除尘台账

单位名称：东风锻造有限公司铸造二厂

序号	新编号	设施类型	所在车间	危害因素	具体位置
1	DFCV 铸二 FQ-06	布袋除尘器	一车间	工业粉尘	一车间混砂机
2	DFCV 铸二 FQ-05	布袋除尘器	一车间	工业粉尘	一车间二级八角筛
3	DFCV 铸二 FQ-03	水浴除尘器	一车间	工业粉尘	一车间一级八角筛
4	DFCV 铸二 FQ-02	布袋除尘器	一车间	工业粉尘	一车间沸腾冷却床
5	DFCV 铸二 FQ-07	布袋除尘器	一车间	工业粉尘	一车间落砂
6	DFCV 铸二 FQ-08	布袋除尘器	一车间	工业粉尘	一车间鳞板
7	DFCV 铸二 FQ-04	布袋除尘器	一车间	工业粉尘	一车间皮带
8	DFCV 铸二 FQ-01	布袋除尘器	一车间	工业粉尘	冷却段
9	DFCV 铸二 FQ-09	布袋除尘器	五车间	工业粉尘	熔化
10	DFCV 铸二 FQ-10	布袋除尘器	五车间	工业粉尘	落砂
11	DFCV 铸二 FQ-11	布袋除尘器	五车间	工业粉尘	皮带
12	DFCV 铸二 FQ-12	布袋除尘器	五车间	工业粉尘	浇注
13	DFCV 铸二 FQ-44	布袋除尘器	五车间	工业粉尘	锅炉房
14	DFCV 铸二 FQ-29	布袋除尘器	二车间	工业粉尘	壳芯机老厂房
15	DFCV 铸二 FQ-26	布袋除尘器	二车间	工业粉尘	Z8620A 制芯机北 2
16	DFCV 铸二 FQ-25	布袋除尘器	二车间	工业粉尘	ZZ863 制芯机新厂房东
17	DFCV 铸二 FQ-22	布袋除尘器	二车间	工业粉尘	2Z8625D 制芯机南 1
18	DFCV 铸二 FQ-23	布袋除尘器	二车间	工业粉尘	ZHTO-1070ABEX 制芯机南 2
19	DFCV 铸二 FQ-27	布袋除尘器	二车间	工业粉尘	Z8612H 制芯机北 1
20	DFCV 铸二 FQ-21	布袋除尘器	二车间	工业粉尘	2ZZ8640A 制芯机老厂房西
21	DFCV 铸二 FQ-28	布袋除尘器	二车间	工业粉尘	冷芯 65L
22	DFCV 铸二 FQ-24	布袋除尘器	二车间	工业粉尘	冷芯 40L

序号	新编号	设施类型	所在车间	危害因素	具体位置
23	DFCV 铸二 FQ-19	布袋除尘器	三车间	工业粉尘	冷却器
24	DFCV 铸二 FQ-18	布袋除尘器	三车间	工业粉尘	一级八角筛
25	DFCV 铸二 FQ-16	布袋除尘器	三车间	工业粉尘	二级八角筛
26	DFCV 铸二 FQ-20	布袋除尘器	三车间	工业粉尘	混砂机
27	DFCV 铸二 FQ-13	布袋除尘器	三车间	工业粉尘	喂丝球化
28	DFCV 铸二 FQ-15	布袋除尘器	三车间	工业粉尘	落砂机
29	DFCV 铸二 FQ-14	布袋除尘器	三车间	工业粉尘	捅箱机
30	DFCV 铸二 FQ-17	布袋除尘器	三车间	工业粉尘	冷却段
31	DFCV 铸二 FQ-30	布袋除尘器	四车间	工业粉尘	造型落砂
32	DFCV 铸二 FQ-32	布袋除尘器	四车间	工业粉尘	混砂机
33	DFCV 铸二 FQ-31	布袋除尘器	四车间	工业粉尘	八角筛
34	DFCV 铸二 FQ-34	布袋除尘器	四车间试制	工业粉尘	试制砂处理
35	DFCV 铸二 FQ-35	布袋除尘器	清理车间	工业粉尘	三清砂轮机
36	DFCV 铸二 FQ-37	布袋除尘器	清理车间	工业粉尘	三清 28GN 抛丸机
37	DFCV 铸二 FQ-36	布袋除尘器	清理车间	工业粉尘	三清抛丸
38	DFCV 铸二 FQ-39	布袋除尘器	清理车间	工业粉尘	二清 15GN
39	DFCV 铸二 FQ-40	布袋除尘器	清理车间	工业粉尘	二清 QT 砂轮
40	DFCV 铸二 FQ-41	布袋除尘器	清理车间	工业粉尘	二清强抛
41	DFCV 铸二 FQ-45	布袋除尘器	清理车间	工业粉尘	二清长抛
42	DFCV 铸二 FQ-38	布袋除尘器	清理车间	工业粉尘	三清长抛
43	DFCV 铸二 FQ-43	布袋除尘器	清理车间	工业粉尘	二清 KT 砂轮
44	DFCV 铸二 FQ-42	布袋除尘器	清理车间	工业粉尘	二清 KT 抛丸
45	DFCV 铸二 FQ-46	布袋除尘器	仓储物流科	工业粉尘	煤粉黏土仓
46	DFCV 铸二 FQ-47	布袋除尘器	仓储物流科	工业粉尘	煤粉黏土仓

附图 3　现场除尘器图片

2.1.2 委托专业公司进行开展通风除尘设备日常的维修和保养，包括设备维修、维护保养工作和通风除尘设备现场清扫、管道疏通、除尘器清尘的日常工作，每月按维修保养计划进行维修保养，并按月对其进行评价，以保证现场的除尘效果。

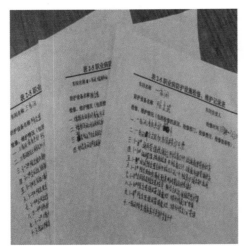

附图4 检修维护记录表

附图5 通风除尘维护人员现场维护

附图6 除尘设备维护前

附图7 除尘设备维护后效果

2.2 现场管理措施（推行湿法作业）

2.2.1 拟定湿法作业管理制度。

（1）根据季节不同，湿法作业频次不一样：3～5月，每个工作班次进行3次湿法作业；6～11月，每个工作班次进行4次湿法作业；12～次年2月，每个工作班次进行2次湿法作业。

（2）湿法作业实行"四定"管理：定人、定时、定区域、定频次。

2.2.2 结合现场情况配置适合清扫工具，减少二次扬尘，降低工作环境粉尘浓度。

（1）配置清扫小车，替代扫把清扫，减少二次扬尘。

（2）配置压力喷水装置进行湿法作业，方便、简洁、效果好。

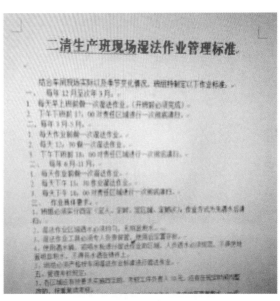

附图8 车间湿法作业管理标准

附图 9　现场湿法作业　　　　　　　附图 10　湿法效果

附图 11　扫地车进行清扫

附图 12　洒水装置进行湿法作业

2.3 危害告知与个体防护管理

2.3.1 岗位有害因素告知：和新劳动者签订劳动合同时，进行岗位有害因素种类、危害及正常防护告知，并请员工签字确认。

（1）有害因素检测结果告知：每年委托十堰市职业病防治院进行一次有害因素监测，并将结果进行岗位现场公示，提示员工正确做好防护。

（2）职业危害告知卡：根据工厂各岗位的有害因素，在醒目的场所安装告知卡进行告知。

2.3.2 个人防护用品功能及正确佩戴培训：通过新劳动者入职安全教育、班组分期分批组织、工厂统一安排等形式进行个人防护用品功能、正确佩戴等内训，提升劳动者防护意识和防护效果。聘请专家走进工厂进行职业病防治知识宣传，提升工厂班组长以上人员的专业知识，更有效地进行管理，保障一线员工的职业健康等。

（1）根据接触的有害因素，拟定岗位防护品种及数量：根据员工接触时间、频次，以及接触的种类，拟定正确的发放标准，保障粉尘防护效果。

（2）每月劳保用品发放台账，劳动者本人签字：每月班组发放口罩、半面罩、颗粒物滤棉等，需要劳动者签字确认，签字版每年进行存档。

（3）个人防护用品劣化标准培训：通过实际使用情况，定期检查员工口罩、半面罩使用效果，及时进行劣化更换，保障劳动者的防护效果。

（4）现场巡视，及时纠正不佩戴或佩戴不标准行为，提升劳动者防护意识及效果：通过一线安全员、工厂安全稽查员对劳动者日常行为进行检查、约束，提升劳动者防护意识，保障防护效果，降低粉尘禁忌患者和职业性尘肺病患者的产生。

2.3.3 使用符合要求的呼吸防护产品，提升防护效果。

（1）结合岗位实际情况，选择正确的防护用品。

（2）委托防护用品厂商现场服务，进行呼吸类产品密合性检测及呼吸类产品正确佩戴培训。

附图13 对新劳动者进行岗位危害因素告知

附图14 有害因素检测，结果公示、分析报告存档

附图 15　现场张贴职业健康告知卡

（a）　　　　　　　　　　　　　　（b）

（c）　　　　　　　　　　　　　　（d）

附图 16　工厂进行职业健康知识内训

附图 17　工厂聘请职防院专家进行职业病防治知识培训

附图 18　车间进行个人劳保用品正确穿戴等知识培训

附图 19　根据岗位粉尘类别、浓度、接触时间确定佩戴种类及数量

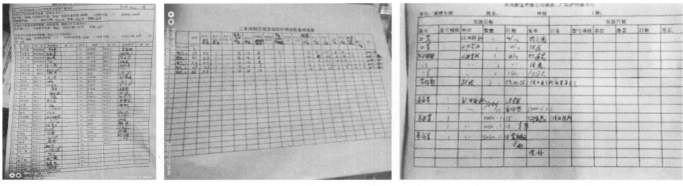

附图 20　每月防护用品发放劳动者签字确认

附图 21 查看防护效果、检查佩戴标准、纠正不规范佩戴

附图 22 根据不同岗位配发不同的防护用品保障防护效果

1. 取下过滤元件

2. 检查各部件是否完好，更换受损部件

3. 用水浸泡或冲洗，用软毛刷轻轻擦拭，如有必要可使用中性洗涤剂

常见错误: 不及时清洗将造成面罩泄漏

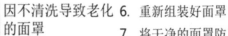
因不清洗导致老化的面罩

4. 如用面罩防颗粒物，还需清洗呼气阀片以及阀座

5. 淋洗并风干

6. 重新组装好面罩

7. 将干净的面罩防入塑料袋中，放置于个人的箱子中或指定位置保存

（a）

实例

湛江某玻璃制造厂，同一车间同一岗位，两位员工同时领取相同的一款可更换式面罩。

甲员工每次摘下后都清洗，乙员工从不清洗。

结果

一个月后……

- 甲员工的面罩性能良好，可以继续使用
- 乙员工的面罩已经老化变形，无法再与面部取得密合，不能使用

三个月后……

- 甲员工还在使用原来的面罩
- 乙员工已经更换了3个

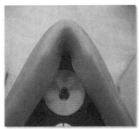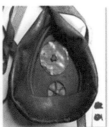

员工甲使用三个月后的面罩　　员工乙使用一个月后的面罩

（b）

我厂的常见问题

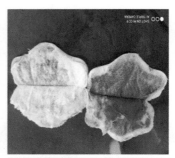

1.员工装配护垫不到位　　2.半面罩未定期清洗　　3.员工护垫未及时更换

（c）

附图23　个人防护用品正确维护保养知识培训

附图24　环境恶劣岗位 PPE 密合性检测及正确使用培训

2.4　职业健康检查制度

2.4.1　用工前进行岗前体检,严禁使用粉尘禁忌的劳动者在粉尘岗位作业。

2.4.2　每年组织劳动者进行一次岗中体检,如有粉尘禁忌的劳动者,告知综合管理科进行调离原岗位,脱离粉尘作业。

2.4.3　离岗前进行离岗体检,确保劳动者健康离岗。

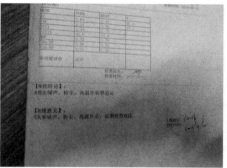

附图 25　新劳动者岗前体检结果确认,合格方可任用

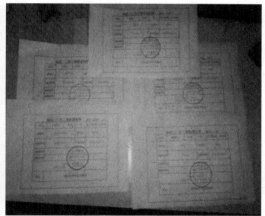

附图 26　每年一次岗中体检,对禁忌患者和疑似职业病进行调离

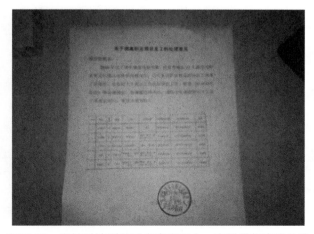

附图 27　安技科接到劳动者离岗调令,安排进行离岗体检

2.5　职业健康档案管理

2.5.1　岗中体检结果一人一档保管。

2.5.2　按照职业健康档案管理要求进行六个盒子

管理，一年更新一次内容。

2.5.3　对每年有害因素检测结果进行分析、存档。

附图28　一人一档纸质版归档管理

每年体检分析报告存档管理　　　　　　　职业健康六个盒子管理每年更新

附图29　职业健康相关资料存档管理

2.6　工会组织作用

2.6.1　定期组织召开劳动保护与劳动管理通报协商会。组织劳动者代表参加会议，安技环保科和综合管理科针对劳动保护和劳动管理分别给劳动者代表进行汇报，并回复、解答劳动者提出来的意见和建议。

2.6.2　宣传、教育与收集合理化建议。利用显示屏、展板、广播、微信群、公众号等宣传平台，开展安全生产、职业危害防护等相关法律、法规、安全环保知识的宣传教育活动，并通过开展知识竞赛、三核班组学习和相关活动对劳动者进行安全知识教育培训；现场监督检查等方式收集劳动者意见与建议，并将收集的意见和建议反馈相关部门落实整改。

2.6.3　做好民主管理。通过召开职工代表大会、厂领导与劳动者沟通会、劳动保护沟通会，现场办公解决问题。

附图 30　第一届一次职工代表大会

附图 31　现场安全、环境检查

附图 32　党委委员民主座谈会

附图 33　形式目标沟通会

附图 34　三核班组交流会

2.6.4　做好民主监督检查工作。工会积极对有关职业健康安全法律法规执行情况进行监督，每周通过生产会听取安技环保科工作汇报，通过专题劳动保护沟通交流会，形势目标沟通会等形式及时了解工厂的安全环保工作，行使监督管理职能。同时协同安技环保科开展劳动保护监督检查，防寒防冻检查，相关制度标准修订等工作。

3. 效果评价

东风锻造有限公司铸造二厂通过多年开展系统性的防尘工作，已取得明显成效，主要表现在以下方面。

3.1　重点岗位粉尘浓度明显降低

粉尘危害最难治理的清理砂轮机岗位的空气中粉尘浓度，由 2011 年的最高 69.3 mg/m³ 下降到 2016 年的最高 9.0 mg/m³，最低达到 2.0 mg/m³。

3.2　职业病及职业相关疾病检出明显减少

铸造二厂由于建厂时间较长，员工平均年龄已接近 50 岁，许多劳动者为粉尘作业工龄超过 30 年的老职工。在员工接尘工龄、累积接尘量等不利因素增长的情况下，新增尘肺病仅零星增加，年平均发病率已降至 1‰ 以下，且仍在继续下降。体检中发现的禁忌证及其他职业相关疾病也明显减少。

4. 可以推广应用的经验

4.1　从粉尘产生的源头控制是关键

以国家职业健康相关政策、法规、标准为准绳，根据企业特点和自身需要，充分发挥企业自律作用，建立健全职业病防治责任制、组织机构、协调与合作机制，充分发挥技术创新作用，将粉尘从源头加以控制，特别是通过"四新"的使用，有效降低或杜绝了粉尘的产生，如金刚玉砂轮片替代树脂砂轮片、压力机冲切作业替代砂轮磨削作业、机器人替代磨削岗位等。有些改进对于多年粉尘治理的顽疾起到了明显的效果。

4.2　有效管理作业现场促防护是保障

在现有条件下通过提升现场作业管理水平，可以保证防护设施的有效运转，生产操作规程的规范运行，狠抓现场作业劳动者的行为安全，减少不安全行为，有效提升防护效果。

4.3　全员主动参与确保效果好是基础

充分依靠工会的维权作用，通过不断培训和合理化建议，提升劳动者防护意识和能力，引导劳动者主动参与、互帮互学、相互监督，可以有效保障防护效果。

4.4　适宜有效的个人防护是最后一道防线

为劳动者提供有效的个人防护用品，守住危害防护的最后防线，可以保障职业健康，以实现新增职业病例为 0 的目标。

4.5　专业指导高绩效是核心

铸造二厂与当地职业病防治院签订了服务协议，由职防院为企业配备"责任医师"，对口进行指导，通过现场交流、线上服务等多种形式及时帮助企业答疑解惑。不仅有针对性解决现有的实际问题，指导工程技术"三同时"建设，还能帮助企业开阔眼界，引进吸收其他企业的先进经验，发挥了核心的专业指导作用。

（本案例由中华全国总工会、国家卫生健康委、湖北省卫生健康委、十堰职业病防治院联合推荐）

参考文献及延伸阅读

李祈，张敏，李涛.粉尘分类及其采样与采样器的研究进展.中华劳动卫生职业病杂志，2010（1）：69-72.

李涛，苏志，张敏.劳动者职业安全卫生读本.北京：化学工业出版社，2005.

鲁洋，张敏，陈卫红，等.某铸造厂1987至2010年作业环境中职业性有害因素动态监测与分析.中华劳动卫生职业病杂志，2013，31（8）：568-575.

苏敏，邹昌淇，尘肺病理诊断图谱.北京：人民卫生出版社，2019.

王丹，张敏，郑迎东.中国煤工尘肺发病水平的估算.中华劳动卫生职业病杂志，2013，31（1）：24-29.

王丹，张敏.中国2010年报告尘肺病发病情况分析.中华劳动卫生职业病杂志，2012，30（11）：801-810.

张敏，采矿粉尘控制手册.北京：中国科学技术出版社，2013.

张敏，工效学检查要点.北京：中国工人出版社，2014.

张敏，杜燮祎，王丹，等.职业卫生示范企业创建实践中得失分情况分析.中国卫生监督，2010，17（1）：27-41.

张敏，杜燮祎，王丹.用人单位职业病防治工作评估指南.中国卫生监督，2010，17（1）：23-26.

张敏，鲁洋.国际劳工组织中小企业职业安全卫生防护"工具包"适用性研究与推广的意义.中华劳动卫生职业病杂志，2014，32（4）：307-310.

张敏，祁成，陈卫红，等.铸造作业职业性有害因素及其特点的再分析.中华劳动卫生职业病杂志，2010，28（4）：280-285.

张敏，汽车行业职业危害分析与控制.北京：中国科学技术出版社，2011.

张敏，王丹，杜燮祎.职业卫生管理档案指南.中国卫生监督杂志.2009，16（5）：439-444.

张敏，王丹，郑迎东，等.中国1997至2009年报告尘肺病发病特征和变化趋势.中华劳动卫生职业病杂志，2013，31（5）：321-334.

张敏.大型企业职业病防治理论体系的创建和防治模式研究.中国卫生监督杂志，2009，16（5）：416-421.

张敏.劳动者职业卫生保护权利及其保障体系（上）.现代职业安全，2002，7：41-42.

张敏.劳动者职业卫生保护权利及其保障体系（中）.现代职业安全，2002，8：39-41.

张敏.劳动者职业卫生保护权利及其保障体系（下）.现代职业安全，2002，8：41-43.

中国疾病预防控制中心职业卫生与中毒控制所组织编译，中小企业职业安全卫生防护手册.北京：中国科学技术出版社，2008.

GBZ 1—2010，工业企业设计卫生标准.北京：国家卫生健康委员会，2010.

GBZ 188—2014，职业健康监护技术规范.北京：国家卫生健康委员会，2014.

GBZ 2.1—2019，工作场所有害因素职业接触限值 第1部分：化学有害因素.北京：国家卫生健康委员会，2019.

GBZ 2.2—2007，工作场所有害因素职业接触限值 第2部分：物理因素.北京：国家卫生健康委员会，2007.

GBZ/T 224—2010，职业卫生名词术语.北京：国家卫生健康委员会，2010.

GBZ/T 225—2010，用人单位职业病防治指南.北京：国家卫生健康委员会，2010.

GBZ/T 229.1—2010，工作场所职业病危害作业分级 第1部分：生产性粉尘.北京：国家卫生健康委员会，2010.

GBZ/T 251—2014，汽车铸造作业职业危害预防控制指南.北京：国家卫生健康委员会，2014.

American Lung Association，Coal Worker's Pneumoconiosis Symptoms and Diagnosis，https：//www.lung.org/lung-health-diseases/lung-disease-lookup/black-lung/symptoms-diagnosis[2020-5-6].

ILO，Occupational health：Silicosis，https：//www.ilo.org/global/topics/safety-and-health-at-work/areasofwork/occupational-health/WCMS_108566/lang--en/index.htm[2020-5-6].

Min Zhang，Ying-Dong Zheng，Xie-Yi Du，et al.Silicosis in Automobile Foundry Workers：A 29-Year Cohort Study，China[J].Biomedical and Environmental Sciences，2010，23（2）：121-129.

WHO，Elimination of Silicosis，https：//www.who.int/occupational_health/publications/newsletter/gohnet12e.pdf?ua=1[2020-5-6].